Louis Figuier

L'art du Chauffage

Les Merveilles de la science

Le code de la propriété intellectuelle du 1er juillet 1992 interdit en effet expressément la photocopie à usage collectif sans autorisation des ayants droit. Or, cette pratique s'est généralisée dans les établissements d'enseignement supérieur, provoquant une baisse brutale des achats de livres et de revues, au point que la possibilité même pour les auteurs de créer des oeuvres nouvelles et de les faire éditer correctement est aujourd'hui menacée. En application de la loi du 11 mars 1957, il est interdit de reproduire intégralement ou partiellement le présent ouvrage, sur quelque support que ce soit, sans autorisation de l'Editeur ou du Centre Français d'Exploitation du Droit de Copie , 20, rue Grands Augustins, 75006 Paris.

ISBN : 978-1533575333

10 9 8 7 6 5 4 3 2 1

Louis Figuier

L'art
du Chauffage

Les Merveilles de la science

Table de Matières

INTRODUCTION	6
CHAPITRE PREMIER	6
CHAPITRE II	18
CHAPITRE III	35
CHAPITRE IV	43
CHAPITRE V	53
CHAPITRE VI	64
CHAPITRE VII	77
CHAPITRE VIII	96
CHAPITRE IX	107
CHAPITRE X	112
CHAPITRE XI	128
CHAPITRE XII	143
CHAPITRE XIII	162
CHAPITRE XIV	175
CHAPITRE XV	181
CHAPITRE XVI	198

INTRODUCTION

Après la question de l'éclairage, nous plaçons assez naturellement celle du chauffage. Si nous voulions embrasser cette question dans son entier, il nous faudrait des volumes pour son développement. Hâtons-nous, en conséquence, de dire que le seul objet de cette Notice — et il est déjà assez étendu — c'est le chauffage des habitations, tant privées que publiques.

Le plan de ce travail sera le plus simple possible ; il fera ainsi contraste avec les classifications multiples et embarrassées, que l'on rencontre dans les ouvrages scientifiques où cette question est traitée. Nous étudierons successivement :

1° Les cheminées ;

2° Les poêles ;

3° Les calorifères ;

4° Le chauffage au moyen du gaz.

La science est en possession aujourd'hui d'excellents principes théoriques sur le chauffage des habitations ; mais ces connaissances sont encore peu répandues, malgré leur utilité manifeste. Elles sont même ignorées de beaucoup de physiciens, qui ne les comprennent que par analogie, ou par déduction d'une autre branche de la physique. Nous nous proposons de vulgariser ici ce genre de connaissances, ces conquêtes nouvelles de la science et de l'art, qui touchent si directement au bien-être matériel de l'humanité.

CHAPITRE PREMIER

LE CHAUFFAGE CHEZ LES ANCIENS HABITANTS DE L'EUROPE MÉRIDIONALE. — LE TRÉPIED GREC. — LE FOCULUS ROMAIN CONSERVÉ DANS L'ITALIE ET LE MIDI DE L'EUROPE. — LE BRASERO. — LE CHAUFFAGE CHEZ LES ANCIENS HABITANTS DU NORD DE L'EUROPE ET DE L'ASIE. — LES CHALETS SUISSES REPRODUISENT LE SYSTÈME PRIMITIF DE CHAUFFAGE DES HABITATIONS CHEZ LES ANCIENS PEUPLES DE L'ASIE DU NORD ET DE L'EUROPE.

Louis Figuier

La cheminée est une invention du Moyen âge. Les anciens ne l'ont pas connue. Les premiers peuples dont l'histoire fasse mention, dans notre hémisphère, étaient confinés en Asie, dans les régions qui avoisinent le golfe Persique, et en Europe, sur les bords de la Méditerranée. La douceur du climat, la vie active et errante de ces peuplades primitives, rendaient inutiles des moyens de chauffage perfectionnés.

Chez les Grecs et chez les Romains, la vie domestique était à peu près nulle. Le Romain passait, en toute saison, ses journées et ses soirées en plein air. Patriciens et plébéiens se réunissaient au *Forum*, rendez-vous général des habitants de chaque cité. Pendant l'hiver, l'ample manteau qui les enveloppait suffisait à les défendre des intempéries de l'air ; pendant l'été, les larges colonnades du Forum les abritaient parfaitement des brûlants rayons du soleil. Aussi chaque ville romaine, petite ou grande, avait-elle son *Forum*, et les villes importantes en comptaient-elles plusieurs.

Nous représentons ici (*fig.* 142) le Forum principal de Pompei, restitué par Mazois.

Fig. 142. — Forum de Pompéi.

Les Grecs se chauffaient avec le *trépied*, dont parlent tous les auteurs et que nous représentons ici (*fig.* 143), les Romains avec le *foculus*. L'un et l'autre de ces ustensiles étaient des bassins de métal, toujours très-légers, et que l'on pouvait transporter d'un lieu à un autre. On les remplissait de charbon préparé avec un soin particulier, et caché sous les cendres.

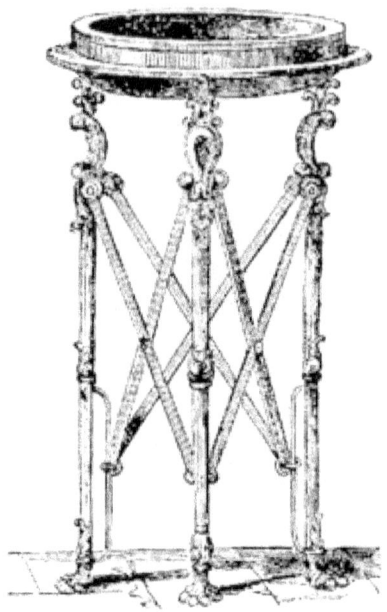

Fig. 143. — Trépied grec.

L'art ancien donnait souvent à ces brasiers des formes élégantes. On en faisait des vases aux courbes gracieuses, affectant le style étrusque, le style grec, gallo-romain, etc. La figure 144 représente le *trépied grec* tout enjolivé de dessins d'ornement ; la figure 145, le *foculus* des Romains, que l'on voit au Musée des antiques du Louvre.

Nous nous arrêterons un instant pour faire remarquer que cette manière de brûler le combustible à l'intérieur de l'appartement, sans lui ménager d'issue au dehors, créait un véritable danger. Les produits de la combustion du charbon sont du gaz acide carbonique, et dans quelques circonstances, du gaz oxyde de carbone. Dans une combustion complète, c'est-à-dire dans une combinaison avec la plus grande quantité possible d'oxygène, le charbon ne donne que de l'acide carbonique.

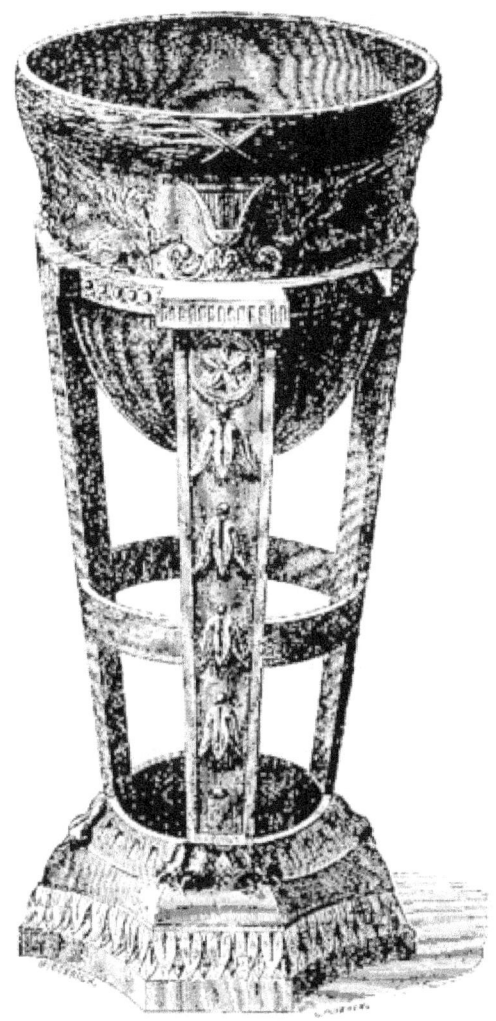

Fig. 144. — Trépied grec orné.

CHAPITRE PREMIER

Fig. 145. — Foculus romain.

Ce dernier gaz est peu délétère. Il n'entretient pas, il est vrai, la respiration, mais il n'est point toxique, et la preuve qu'il n'a pas d'action particulièrement nuisible sur les tissus de notre corps, c'est que notre sang et nos poumons en contiennent toujours une certaine proportion, que l'expiration rejette. Les expériences du chimiste Leblanc ont montré qu'un animal peut vivre encore dans une atmosphère contenant presque la moitié de son volume d'acide carbonique.

Louis Figuier

Mais si l'air n'apporte pas un excès d'oxygène sur tous les points du charbon en ignition, si la combustion est incomplète, un autre gaz se forme : l'oxyde de carbone, poison terrible, qui tue, mêlé à l'air à la dose d'un centième seulement de son volume.

L'oxyde de carbone, inspiré, passé dans le sang, à travers la mince paroi des vaisseaux qui rampent dans le tissu pulmonaire, et il se combine chimiquement avec leur partie essentielle : les globules rouges. Ces corps sont paralysés dans leur fonction, et si un nombre suffisamment grand de ces globules est atteint par le gaz toxique, l'*hématose*, c'est-à-dire l'oxygénation du sang, n'a plus lieu, et la mort en est la conséquence.

Le gaz oxyde de carbone brûle avec une flamme bleue caractéristique, et se transforme en acide carbonique ; c'est ce qui produit les petites flammes bleues qui voltigent sur le charbon qui brûle. Presque toujours, en effet, sa combustion est incomplète, et de là résulte la formation d'une certaine quantité de gaz oxyde de carbone, qui se déverse dans l'air.

Telle est la cause des maux de tête dont sont fréquemment atteintes les personnes qui respirent dans un air où brûle un feu de charbon ; telle est la cause des maladies plus graves, à forme adynamique ou typhoïde, qui ne sont que l'exagération de l'état précédent, et dont nous aurons occasion de parler au sujet des poêles en fonte ; telle est enfin la cause des asphyxies que les gens du monde disent être produites par la *vapeur de charbon*.

Le bois et les autres combustibles, peuvent être considérés comme du charbon, joint à des matières organiques, lesquelles, par une combustion complète, se transforment toujours en acide carbonique et en vapeur d'eau. Mais dans le cas d'une combustion incomplète, le bois, comme le charbon, dégage de l'oxyde de carbone, et ce que nous avons dit au sujet du charbon pur est applicable au bois.

Tout mode de chauffage dans lequel les produits de la combustion sont versés directement dans l'atmosphère, est donc éminemment nuisible à la santé.

Le Trépied grec, le Foculus romain auraient été dangereux en d'autres climats que ceux des latitudes méridionales. Ils auraient causé de fréquentes asphyxies, si, en général, les salles de ces pays n'eussent été fort vastes, ouvertes à tous les vents, et si les habitants n'eussent appris, de longue date, à se prémunir contre ce danger.

La preuve la plus convaincante que les anciens peuples de l'Europe centrale, c'est-à-dire les Romains et les Grecs, ne se servaient, pour se chauffer, que de brasiers, que l'on pouvait transporter d'une pièce dans l'autre, c'est qu'il n'existe aucune cheminée dans les maisons de Pompéi, cet inappréciable et authentique magasin de tous les ustensiles de la vie domestique dans l'antiquité romaine.

Comme toutes les maisons romaines, les maisons de Pompéi se composaient d'une ou deux petites cours à ciel ouvert, entourées de chaque côté d'un certain nombre de pièces de dimensions toujours très-exiguës.

Fig. 146. — Une maison de Pompéi.

Louis Figuier

La figure 146 représente, choisie entre bien d'autres, toutes semblables, l'intérieur de la maison d'un Pompéien. On y voit deux cours, dont la première renferme le bassin plein d'eau, ou *impluvium*. Les chambres d'habitation sont placées autour de ces deux cours. Or, jamais, dans les chambres d'aucune maison de Pompéi, on n'a rien trouvé qui ressemblât à une cheminée.

Cette absence complète de cheminée que l'on constate à Pompéi, peut être également reconnue aujourd'hui dans la grande cité voisine de l'ancien Pompéi, c'est-à-dire à Naples. Dans la Naples moderne il n'y a pas plus de cheminée qu'il n'en existe dans les maisons en ruines de Pompéi ou d'Herculanum. On ne s'y chauffe, en hiver, qu'avec un petit brasier, que l'on peut transporter d'une pièce à l'autre. C'est ce que nous avons eu trop souvent l'occasion de constater, non sans déplaisir, dans un séjour à Naples au mois de février.

Ainsi le fait de l'absence des cheminées chez les anciens, est bien établi. Il faut ajouter, pour être complètement renseigné sur les us et coutumes des anciens concernant le chauffage domestique, que l'on se servait aussi, chez les Grecs et les Romains, d'une petite chaufferette à main. Cet ustensile est, d'ailleurs, toujours en usage dans l'Italie moderne. On le nomme *focone*, La figure 147 représente le *focone* actuel des Italiens. On reconnaîtra cet ustensile sur plusieurs tableaux des peintres italiens, anciens ou modernes, qui représentent leurs personnages tenant à la main cette espèce de chaufferette.

On retrouve aujourd'hui le *focone* des Italiens en Espagne et dans le midi de la France. Il n'est pas même entièrement inconnu dans le nord de la France : c'est, sous une forme grossière et populaire, le *gueux* des pauvres habitants et des marchandes à la halle de la ville de Paris.

Une bonne partie de l'Italie et de l'Espagne, de l'Orient et de l'Amérique du Sud, enfin tout le midi de la France, se chauffent encore avec le foculus romain. C'est ainsi qu'à Marseille, à Montpellier, à Perpignan, etc., les marchands se servent, pour se préserver du froid, de la classique *brasière*. C'est un bassin de cuivre placé sur un support de bois circulaire, à peine haut de 1 décimètre. La brasière est au milieu de la boutique, et le chaland

CHAPITRE PREMIER

vient s'y chauffer un moment les pieds. C'est la braise de boulanger qui sert de combustible. On en remplit le matin la brasière, et le soir venu, le charbon n'est pas encore éteint. Le patron de la boutique fait monter dans sa chambre, la bienheureuse brasière, afin de prendre un air de feu au moment de se mettre au lit ! Ce mode de chauffage, qui suffît à toute une maison, coûte trois sous par jour !

Fig. 147. Focone italien.

Partie du midi de l'Europe, la civilisation s'est avancée vers le nord. C'est donc dans les pays septentrionaux de l'Europe qu'il faut aller chercher les premières traces de l'art du chauffage. Ce sont les annales de ces peuples qu'il faut consulter pour savoir quelle fut la véritable origine de la cheminée.

Les peuples du nord de l'Europe firent d'abord usage du *brasero*, emprunté aux pays méridionaux. Mais quand la rigueur du climat obligeait d'augmenter l'intensité du foyer, il fallait nécessairement, pour échapper à l'asphyxie, donner issue aux produits de la combustion du charbon.

Louis Figuier

Le moyen le plus simple, c'était de pratiquer un trou au toit de l'habitation, pour laisser échapper la fumée et les autres produits nuisibles de la combustion du bois et des branchages. Les habitations des Gaulois, retrouvées ou reconstituées par les soins des archéologues modernes, nous montrent que ces habitations se réduisaient à une cabane de forme ronde, dont le toit était percé d'un trou pour le passage de la fumée. On voit ces maisons représentées ici (*fig.* 148).

Fig. 148. — Maisons gauloises.

Du reste, le système tout primitif qui consiste à laisser échapper par le toit la fumée et les produits de la combustion, subsiste encore, de nos jours, chez des peuples parfaitement civilisés, c'est-à-dire dans les chalets actuels des montagnes de la Savoie.

Hâtons-nous d'ajouter qu'il s'agit ici des vrais chalets, de ceux où l'on fait le fromage et le beurre et qui ne sont habités que pendant les mois les plus chauds de l'année. Leur aspect diffère beaucoup du type convenu des chalets suisses, dont l'architecture est élégante, mais qui ne se voient que dans les fermes des vallées suisses, et surtout dans l'Oberland. Les murs des véritables chalets de la Savoie, qui servent de demeure et d'atelier pour la préparation des fromages, sont peu élevés et bâtis en pierre sèche. Quelques sapins non équarris forment la charpente du toit. Ils sont munis, en guise de tuiles, d'énormes pierres plates et irrégulières, qu'aucune main ne s'est donné la peine de tailler.

L'intérieur du chalet, d'un aspect misérable, quoique très-propre, est partagé en plusieurs compartiments. On y a d'abord ménagé des resserres, fraîches et obscures, pour conserver les fromages qui doivent être gardés longtemps avant d'être portés au marché. Vient ensuite un fenil, où couchent les *chalaisans*. Dans la première pièce, qui est la plus grande, sont installés les grands chaudrons pour préparer le lait nouvellement trait et le transformer en fromage.

Ces récipients, fort bien entretenus, sont de la capacité de 500 à 600 litres. Une tringle en fer les relie à un poteau fixé contre la muraille. Grâce à ce mécanisme très-simple, on peut tirer le chaudron en avant, et le placer au-dessus de l'aire où le feu est allumé.

La végétation des arbres n'arrive pas toujours dans les régions très-élevées où ces chalets sont bâtis. À défaut de bois de sapin ou de bouleau, on brûle des broussailles. À une altitude encore plus grande, et alors que le transport du combustible coûterait trop de peine, on a recours aux bouses de vaches, que l'on sèche au soleil, après les avoir précieusement récoltées.

Quelquefois plusieurs familles de montagnards forment une association, et travaillent dans le même chalet. Dans ce cas, chacun a son chaudron suspendu au poteau respectif ; chacun fournit sa provision de combustible ; et tour à tour, chaque récipient, plein de lait frais, est amené au-dessus de l'aire commune.

Louis Figuier

La fumée, après avoir longtemps circulé dans la pièce, et formé à la partie supérieure, une couche épaisse et noire, s'échappe par un trou béant à la toiture.

Ainsi, le chalet actuel de ces régions alpestres nous ramène aux temps reculés où la cheminée était encore inconnue.

Les habitants des contrées boréales se rapprochent des montagnards de la Suisse et de la Savoie, par les conditions physiques du milieu qu'ils habitent, comme par la simplicité de leur genre de vie. En effet, la végétation cesse au voisinage du pôle. Or l'absence de végétation met les peuples, pour ainsi dire, en dehors de la société. Les Esquimaux ou Groënlandais, par exemple, privés des ressources de l'industrie, mènent une existence dont nous avons quelque peine, dans nos climats, à nous faire une idée exacte.

Pendant la longue nuit de six mois qui règne dans ces régions déshéritées de la nature, et tandis qu'un épais manteau de neige recouvre en entier leur misérable habitation, les Esquimaux s'enferment dans leurs huttes, pêle-mêle avec leurs rennes. La température s'abaisse dans ces latitudes, jusqu'à plus de 40 degrés au-dessous de zéro. Parry et les audacieux navigateurs, qui, allant à la recherche du passage nord-ouest, se sont laissé envahir par les glaces, ont vu souvent le mercure gelé dans les thermomètres. Sans la couche glacée qui recouvre leurs demeures, les Esquimaux périraient par l'intensité du froid. En effet, la neige conduit mal la chaleur ; elle doit cette propriété tant à sa nature propre qu'à l'air atmosphérique emprisonné dans sa substance, qui lui donne son état de porosité et de division. Par l'effet de sa mauvaise conductibilité, la neige isole l'intérieur de la cabane de l'air du dehors, dont la température est de 20 à 30°.

Enfermés dans leur étroite et misérable demeure, les Groënlandais sont réchauffés par leur propre chaleur, et par celle de leurs cohabitants, les rennes.

Ils ont pourtant un combustible : c'est l'huile des poissons qu'ils ont péchés pendant l'été. Cette huile est l'élément fondamental de leur triste existence ; elle leur sert à se chauffer, à s'éclairer et à cuire leurs aliments. C'est pour cela qu'une grosse lampe est toujours allumée au milieu de la hutte des Groënlandais. Au-dessus de sa flamme est posée une marmite de métal, qui suffit à la préparation de toute leur pauvre cuisine.

L'air de la hutte des Esquimaux ainsi recouverte d'un manteau de neige, ne doit donc presque jamais se renouveler. En effet, au bout de quelques jours, il est horriblement vicié par l'acide carbonique, que dégagent à la fois la combustion de l'huile de la lampe et la respiration des êtres vivants, qui est une autre espèce de combustion. L'oxygène de l'air s'épuise peu à peu, et alors hommes et animaux tombent dans une longue torpeur, parfaitement assimilable au sommeil de la marmotte et des autres mammifères hibernants. Dans cet état extraordinaire, ils respirent fort peu, et l'activité de l'organisme étant presque éteinte, la faim et les autres besoins de la vie ne viennent se faire sentir qu'à de rares intervalles.

Le temps paraît moins long quand on le passe à sommeiller presque constamment. Aussi les Samoïèdes et les Esquimaux sont-ils fort surpris quand on leur affirme que leur nuit de six mois est aussi longue que leur jour de six mois.

Nous ajouterons que cette faculté de l'hibernation n'est pas particulière à l'homme qui habite les régions du Nord. On la trouve chez les habitants de certaines parties reculées de la Savoie. Nous citerons en exemple la vallée de Bessans, sur la rivière d'Arc, à quelque distance du mont Cenis ; la vallée de Tignes, sur l'Isère, etc. Il arrive souvent que les paysans de ces contrées qui ne peuvent se procurer le luxe d'une habitation d'hiver, au lieu de quitter la montagne quand vient l'automne, restent dans leurs chalets de pierre sèche, avec quelques provisions. Bientôt, dix pieds de neige les ensevelissent. Hommes et bêtes vivent resserrés dans un étroit espace, et il leur arrive alors ce qui arrive aux Esquimaux. L'air confiné qui remplit le chalet perd son oxygène, et avec ce gaz ses qualités vitales. Alors une longue somnolence s'empare des pauvres montagnards, qui ne s'éveillent qu'aux premiers jours du printemps.

CHAPITRE II

INVENTION DE LA CHEMINÉE AU MOYEN AGE. — SES PERFECTIONNEMENTS. — TRAVAUX DE SERLIO, KESLAR, SAVOT, FRANKLIN, GAUGER, ETC.

Louis Figuier

Revenons aux anciens peuples du nord de l'Europe.

À mesure que la civilisation progressait, on dut chercher des moyens de chauffage plus commodes que l'antique brasier. Selon M. Viollet-Leduc, l'éminent architecte contemporain, qui a si bien étudié les habitations du Moyen âge, on ne voit guère apparaître en Europe, qu'au XIIᵉ siècle, la cheminée, c'est-à-dire le foyer disposé dans les intérieurs.[1] Mais par quelle gradation était-on arrivé, du simple trou percé dans le toit d'une cabane, comme nous l'avons représenté dans les maisons gauloises, au foyer intérieur, pourvu d'un conduit pour la fumée ?

Les ouvrages anglais de Tomlinson et de Hudson Turner sur le *Chauffage et la ventilation*,[2] font connaître avec beaucoup d'exactitude les maisons des anciens habitants de la Grande-Bretagne. Dans les premiers temps du Moyen âge, les seigneurs bretons et leurs compagnons vivaient dans une hutte, recouverte de chaume et partagée en deux : l'une pour les serviteurs, l'autre, plus grande, réservée au maître, et qui servait à la fois de cuisine et de dortoir. Au milieu de cette dernière pièce était un foyer. Dans le toit, on ménageait une tourelle en planches, ouverte par le haut, et qui laissait échapper la fumée des feux servant tant au chauffage de la pièce qu'à la cuisson des aliments. Bientôt, sans doute, on eut l'idée de pousser le foyer contre le mur de la chaumière, et de creuser dans ce mur une ouverture oblique, pour donner issue à la fumée.

On trouve ces cheminées primitives dans les forteresses et les châteaux forts de la Grande-Bretagne, qui datent de cette époque, tels que ceux de Conisborough et de Rochester.

Il existe en France, deux grands foyers pourvus d'un de ces conduits obliques, en très-bon état de conservation, dans le mur du nord de la grande salle des gardes du vieux palais de Caen, qui fut habité par le duc de Normandie(depuis Guillaume le Conquérant).

D'après ce dernier fait, la cheminée aurait pu être introduite en Angleterre par les Normands, à l'époque de l'invasion de ce pays, par ce même Guillaume le Conquérant.

Le conduit des cheminées dont nous venons de parler, s'ouvrait

1 Dictionnaire raisonné de l'architecture française du XIᵉ au XVIᵉ siècle
2 *Rudimentary Treatise on Warming and Ventilation.*

CHAPITRE II

obliquement à travers le mur. Celles qui ont un conduit allant percer le toit verticalement, durent être inventées à peu près vers le même temps, c'est-à-dire dans le courant du XIe siècle.

Il ne reste aujourd'hui aucune trace des maisons particulières de cette époque ; mais on trouve encore dans les monastères et les châteaux, les vestiges des habitudes domestiques, pendant la première période du Moyen âge. On possède des spécimens et des dessins des cuisines des monastères français du IXe siècle. « Les cuisines primitives des abbayes et des châteaux, dit M. Viollet-Leduc, n'avaient pas à proprement parler de cheminées, mais n'étaient elles-mêmes qu'une immense cheminée, munie d'un ou deux tuyaux pour la sortie de la fumée. » C'est ce que démontre le plan de l'abbaye de Saint-Gall, qui date de l'an 820.

La figure 149 montre la disposition de l'une de ces cuisines des abbayes, au Moyen âge. La tourelle qui surmonte l'édifice se compose d'autant de petits conduits qu'il y avait de feux dans la cuisine.

Fig. 149. — Cheminée-cuisine d'une abbaye du Moyen âge.

Louis Figuier

La figure 150 indique une autre disposition de ces mêmes cheminées-cuisines du Moyen âge.

Fig. 150. — Autre cheminée-cuisine du Moyen âge.

Après ce premier pas, c'est-à-dire après l'établissement du tuyau de cheminée, disposé soit obliquement à travers le mur, soit verticalement par-dessus le toit, on acheva l'œuvre en donnant au foyer une forme commode. Les premières cheminées du XIIe siècle se composaient d'une niche prise dans l'épaisseur du mur, arrêtée par deux pieds-droits, et surmontée d'un manteau, nommé *hotte*, où s'engouffrait la fumée.

Les plus anciennes cheminées forment un véritable cercle, dont le foyer est un segment, et la hotte l'autre segment. C'est ce que l'on peut voir, selon M. Viollet-Leduc, dans de vieux bâtiments qui dépendent de la cathédrale de Puy-en-Velay.

La forme de ces cheminées était une transition toute naturelle, en partant du foyer à tuyau simplement percé dans le toit, qui est encore en usage dans les chalets suisses. Il était tout simple, en effet, de garnir l'ouverture, pratiquée au toit, d'un tuyau de maçonnerie qui protégeât la charpente contre la flamme. Quant aux pieds-droits de la cheminée, ils étaient nécessaires pour supporter la hotte.

Bientôt on dut s'apercevoir que lorsque le conduit de la fumée avait de grandes dimensions en hauteur, les produits de la combustion étaient mieux éliminés, et l'on augmenta la longueur de l'entonnoir à fumée, non plus à l'intérieur de l'appartement, où l'espace était restreint, mais au dehors, c'est-à-dire au-dessus du toit. Ces hauts ajutages en maçonnerie donnèrent, en définitive, la cheminée proprement dite, du mot *chemin*, parce que c'est, en effet, le *chemin* que la fumée doit toujours suivre.[1]

Avec ces quelques modifications, la cheminée du Moyen âge fut constituée.

Le tuyau extérieur de la cheminée était démesurément long. Les maisons, ainsi flanquées des longs conduits qui donnaient issue à la fumée de plusieurs cheminées énormes, présentaient alors, vues à l'extérieur, l'aspect que retrace la figure 151.

Les passages que l'on a recueillis dans les ouvrages des auteurs français des xiiie et xive siècle,[2] montrent que l'usage des cheminées, et surtout des cheminées rondes, dont nous venons de parler, était alors assez répandu.

Ce n'est pourtant qu'au xve siècle que l'on peut constater leur existence en Italie. Ce dernier fait prouve quelle confiance il faut accorder à l'ancienne opinion, qui voulait que la cheminée eût été inventée par les Piémontais, et que l'année 1327 fût la date précise de cette découverte. Laissons les Piémontais exploiter l'art du fumiste, sans vouloir leur attribuer l'invention même de cet art.

La forme ronde du foyer des cheminées fut pourtant bientôt abandonnée, et c'est alors que l'on construisit ces immenses *cheminées à hotte*, que tout le monde connaît pour les avoir vues dans les musées d'antiquités, ou pour s'y être chauffé avec délices, dans les cuisines de village ou d'auberge, au fond de contrées oubliées de la civilisation.

---

1 Un évêque de Tours s'applaudissait beaucoup d'avoir trouvé la véritable étymologie du mot cheminée, qui, selon lui, signifiait : *chemin* aux *nuées*. L'étymologie est un peu tirée par les cheveux.

2 Voir le Dictionnaire de Littré, au mot *Cheminée*.

Louis Figuier

Fig. 151. — Une maison au Moyen âge.

Pendant tout le Moyen âge, en France et dans l'Europe centrale, on adopta ces vastes cheminées, sous le manteau desquelles toute une famille pouvait se réunir pour passer les longues soirées d'hiver.

Le Moyen âge avec ses craintes, ses superstitions et son ignorance, est tout entier dans cette cheminée monumentale, dans cet âtre immense, où grands et petits se groupent autour d'un vieillard, écoutant avidement de sa bouche des récits de guerre ou de sabbat ; pendant que derrière eux, dans les profondeurs de la salle, flottent leurs grandes silhouettes, agitées par les flamboiements de branches gigantesques ou de troncs d'arbres entiers !

Ces cheminées monumentales donnaient de déplorables résultats, au point de vue du chauffage. Il fallait y brûler des quantités de bois énormes.

CHAPITRE II

Les notions les plus élémentaires de la science faisaient alors défaut aux architectes. Ce n'est qu'à la fin du xviiᵉ siècle, c'est-à-dire à l'époque de la création de la physique moderne, que l'on voit apparaître les premiers perfectionnements apportés à l'art du chauffage par les cheminées, cette partie essentielle de l'économie domestique.

Au xviiᵉ siècle, Otto de Guericke, Torricelli et Pascal avaient démontré le fait de la pesanteur de l'air. Les expériences des académiciens de Florence firent voir ensuite que la pesanteur de l'air diminue avec l'élévation de sa température.

D'autre part, les premières études sur la chaleur, faites par les physiciens du xviiᵉ siècle, apprirent à connaître le *rayonnement* de la chaleur, c'est-à-dire les lois de sa transmission à distance, et bientôt celles de sa propagation à travers les corps solides. Ces deux principes, à savoir, la dilatation de l'air par la chaleur et le rayonnement du calorique, furent les bases sur lesquelles les physiciens et les architectes du xviiᵉ siècle, firent reposer la science, alors nouvelle, de la *caminologie*.

Il ne faudrait pourtant pas trop exagérer les défauts des cheminées du Moyen âge. Elles avaient un excellent côté. Elles permettaient à un grand nombre de personnes de se chauffer à la fois, et elles rayonnaient beaucoup de chaleur dans la pièce, en raison de la hauteur à laquelle se trouvait placée leur hotte immense.

Seulement cette hotte occupait par trop de place dans les appartements, et gênait leur décoration. Les architectes du xviiᵉ siècle plaidèrent donc avec force la destruction de cet immense dôme, et malgré la résistance de Philibert Delorme, qui recommandait de les conserver, les préceptes d'Alberti, de Serlio, de Perrault et de Savot, finirent par l'emporter. On supprima la hotte volumineuse des cheminées, en abaissant considérablement le manteau. La fumée ne trouvant plus dès lors une issue suffisante, il fallut garnir le manteau de la cheminée d'un rideau, et ensuite abaisser davantage encore ce même manteau, pour combattre plus efficacement la fumée.

Dans le *Traité d'architecture*, publié à Venise, en 1540, par Serlio, de Bologne, on voit déjà ces préceptes appliqués. La figure 152, que donne cet architecte, du modèle de cheminées qu'il faisait construire, donne l'idée exacte des cheminées du temps de la Renaissance. La hotte est déjà considérablement abaissée.

Fig. 152. — Modèle de cheminée de la Renaissance, d'après Serlio, de Bologne.

Toutefois, la fumée résultant de ces vastes foyers, préoccupait beaucoup les architectes. Philibert Delorme et Jérôme Cardan proposèrent divers moyens, plus ou moins rationnels, pour combattre cet ennemi domestique.

CHAPITRE II

Fig. 153. — Cheminée de l'époque de la Renaissance, existant au
Musée de Cluny.

La figure 153 représente un beau modèle de cheminée, de l'époque
de la Renaissance, qui existe à l'hôtel de Cluny, à Paris.

C'est en 1619 que parut, en Allemagne, le premier ouvrage
scientifique sur les appareils de chauffage : c'est le *Traité sur
les poêles* (Holzsparkunst) de François Keslar. Il est vraiment
extraordinaire de voir tous les principes de l'emploi des poêles si
bien posés en théorie et en pratique, dès cette époque. Il faut même

Louis Figuier

ajouter que les poêles décrits dès le commencement du XVIIᵉ siècle, par Keslar, sont les mêmes qui servent aujourd'hui, sans aucune modification, dans toute l'Allemagne. Rien n'a été changé aux dispositions indiquées par Keslar, c'est-à-dire l'allumage en dehors de la pièce à chauffer, les tampons de nettoyage, les registres établis à la prise d'air extérieur et aux tuyaux de fumée ; enfin la circulation de la fumée dans de nombreux circuits. Nous reviendrons, dans l'histoire des poêles, sur l'important ouvrage de Keslar.

À la même époque, c'est-à-dire en 1624, parut, en France, un ouvrage important sur l'art du chauffage : *l'Architecture des bâtiments particuliers*, par Savot. C'est là que l'on trouve posé le principe le plus important dans le chauffage domestique après l'invention du tuyau des cheminées : nous voulons parler de l'isolement du foyer contre le mur, et des chambres de chaleur ménagées dans l'épaisseur des parois de la cheminée.

L'architecte François Savot, inventeur de ces dispositions fondamentales, les avait lui-même réalisées dans les cheminées du palais du Louvre, et les a décrites dans l'ouvrage dont nous avons donné le titre. C'est là que l'on trouve recommandé pour la première fois, de séparer l'âtre du mur, au moyen d'une plaque de fer, et d'ouvrir des bouches de chaleur sur le devant de la cheminée.

En 1665, Blondel, architecte du roi, fit paraître une nouvelle édition, annotée, de l'ouvrage de Savot. Avant ce dernier architecte, les cheminées étaient adossées l'une en avant de l'autre. Blondel nous fait connaître, pour la première fois, l'habitude, prise de son temps, de dévoyer les tuyaux latéralement. Il indique même l'ordonnance de police du 26 janvier 1672, enjoignant les précautions à prendre pour garantir les maisons du feu des cheminées. Cette ordonnance a été confirmée depuis, par celle du 28 avril 1719 et celle du 11 décembre 1852.

Blondel signale enfin, pour la première fois, l'apparition en France des cheminées anglaises, faites de plaques de tôle ou de fer fondu.

En 1713, parut un ouvrage, intitulé *Mécanique du feu*, dans lequel les principes du chauffage au moyen des cheminées sont posés avec une grande supériorité, et qui contient des régles très-remarquables pour tirer le meilleur parti de ces appareils. L'auteur de cet ouvrage est Gauger, avocat au Parlement de Paris.

CHAPITRE II

Jusqu'à ce jour, le nom de Gauger était resté fort peu connu, et ses inventions (entre autres la cheminée dite *des Chartreux*) avaient été attribuées fautivement à d'autres personnes. Nous trouvons dans un travail récemment publié, *Du chauffage et de la ventilation des habitations privées*, dissertation inaugurale pour obtenir le grade de docteur, présentée à la Faculté de médecine de Paris, par M. Castarède Labarthe, un tableau, parfaitement tracé, des travaux de Gauger. Nous rapporterons les pages intéressantes dans lesquelles l'auteur a essayé et a accompli la réhabilitation d'un savant jusqu'ici méconnu.

M. Castarède Labarthe s'exprime ainsi, à propos de Gauger :

« Il semble, » dit Gauger dès le début de son ouvrage, « que ceux qui ont jusqu'à présent fait ou fait faire des cheminées, n'aient songé qu'à pratiquer dans les chambres des endroits où l'on pût brûler du bois, sans faire réflexion que ce bois, en brûlant, doit échauffer ces chambres et ceux qui y sont. » Il se propose donc le problème suivant :

« Allumer promptement du feu ; le voir, si l'on veut, toujours flamber, quelque bois que l'on brûle, sans être obligé de le souffler ; échauffer une grande chambre avec peu de feu, et même une seconde ; se chauffer en même temps de tous cotés, quelque froid qu'il fasse, sans se brûler ; respirer un air toujours nouveau, et à tel degré de chaleur que l'on veut ; ne ressentir jamais de fumée dans sa chambre, n'y avoir jamais d'humidité ; éteindre seul et en un moment le feu qui aurait pris dans le tuyau de la cheminée ; » et encore trouver « des principes qui fourniront des moyens pour tenir les chambres toujours fraîches dans les plus grandes chaleurs, et cependant d'y respirer un air toujours nouveau et toujours sain, » et cela, à l'aide de moyens tellement simples que « ceux qui ne jugent du prix des machines que par les efforts prodigieux d'esprit qu'il faut faire pour les inventer ; par le grand nombre de ressorts qui les fait jouer, par la difficulté qu'il y a de les construire, par le temps que l'on emploie et la dépense que l'on fait pour les exécuter, ne doivent point trouver celles que nous donnons ici de leur goût. »

« Tel est le problème de Gauger ; est-il possible de poser plus clairement et plus exactement à la fois les questions de chauffage et de ventilation réunies ?

« Avant de donner la description de ses appareils, il traite « du feu, de ses rayons de chaleur, et des manières dont il échauffe. » « Dans ce chapitre, il fait connaître, longtemps avant les travaux de Leslie et de Rumford les modes de propagation de la chaleur. Il est, je crois, le premier qui ait indiqué que « le feu peut échauffer une chambre et ceux qui y sont :

1° Par ses rayons directs ;

2° Par ses rayons réfléchis ;

3° Par une espèce de *transpiration*, en transmettant sa chaleur au travers de quelque corps solide dont il est environné. C'est ainsi qu'échauffe le feu d'un poêle. »

« Dans les cheminées ordinaires, ajoute-t-il, le feu n'échauffe point par transpiration, n'envoie que très-peu de rayons directs et en renvoie encore moins de réfléchis. »

« Il en est au contraire tout autrement dans les cheminées dont il indique la construction et pour lesquelles il conseille : 1° de donner au foyer une forme parabolique, ou plus simplement d'arrondir les coins intérieurs, afin d'augmenter la chaleur réfléchie ; 2° de disposer le derrière de la cheminée de telle sorte que de l'air venant de l'extérieur puisse y circuler, s'y échauffer et se rendre ensuite dans l'appartement. Il engage en outre à faire, ainsi que l'a recommandé plus tard Darcet, la prise d'air très-grande, d'un pied carré (environ 10 décimètres carrés) « car, dit-il, il faut forcément qu'il entre autant d'air qu'il en sort. » Et à ce sujet il indique très-exactement le parcours qui doit être suivi : « L'air le plus chaud monte toujours au-dessus de celui qui l'est moins : ainsi l'air de dehors qui entre dans la chambre, après avoir passé par les cavités de la cheminée, étant plus chaud que celui qui y est, y monte jusqu'au haut du plancher, et, comme il ne saurait y prendre place qu'il n'en chasse et n'en fasse sortir en même temps autant de la chambre, et qu'il n'en peut sortir que par la cheminée qui est la seule issue qu'il trouve et qui est en bas, il sort toujours de l'air d'en bas à mesure qu'il en entre et qu'il en monte par en haut ; or, l'air d'en bas est aussi le plus froid, puisque le plus chaud monte au-dessus de celui qui l'est moins ;... c'est donc toujours l'air le plus froid qui sort de la chambre en même temps qu'il en entre de plus

CHAPITRE II

chaud. »

« Gauger cherche ensuite à fixer la vitesse de ce mouvement, chose qui n'a été faite que dans ces derniers temps par M. le général Morin ; et il est très-curieux de comparer les appareils de ces deux observateurs. Au lieu des anémomètres si exacts de M. Morin, Gauger employait seulement une feuille de papier, et cependant il parvint à constater qu'avec une ouverture de dimensions suffisantes on pouvait arriver à supprimer les *vents coulis*.

« Il indique enfin comment ses cheminées pouvaient être employées pour renouveler l'air dans une foule de circonstances, et en particulier dans les chambres de malades. Il avait donc très-bien compris le mécanisme et l'utilité de ce que depuis on a appelé la *ventilation*, et en lisant la *Mécanique du feu* on sent que l'auteur manque d'un mot pour exprimer sa pensée. Mais ce mot *ventilation*, que toujours nous avons au bout des lèvres, prêts à le souffler à Gauger, ne pouvait à cette époque être employé par lui. Il n'existait pas, du moins avec sa signification actuelle, dans la langue française. C'est d'Angleterre que nous est venu le terme *ventilation*, et, chose curieuse, c'est précisément Désaguliers, le traducteur de Gauger, qui l'a employé pour la première fois.

« Aussi est-ce à Gauger lui-même qu'il faut rapporter l'invention de ce mot et celle de l'application du chauffage à la ventilation, quoique cependant Rodolphe Agricola, dans son ouvrage *De re metallicâ* ait indiqué, dès le XVᵉ siècle, de suspendre un large foyer dans les puits des mines pour les débarrasser de l'air vicié. Méthode qui depuis a toujours été pratiquée (Tomlinson).

« Gauger indique, en outre, un appareil très-simple pour éteindre les feux de cheminée ; il consiste en deux plaques de fer verticales : l'une à la partie supérieure, l'autre à la partie inférieure du tuyau, et qui, à un moment donné, peuvent être abaissées de manière à intercepter l'arrivée de l'air. Il fait en outre remarquer qu'à l'aide de ces *bascules*, on pourrait empêcher la fumée des cheminées voisines de rentrer dans nos appartements et aussi conserver pendant la nuit une certaine chaleur. « Mais il faudrait, » dit-il, « pour cela, éteindre tous les tisons et ne conserver que du charbon qui ne fasse point de fumée. » Je dois ajouter que cette recommandation n'est suffisante qu'à la condition de remplacer le mot *fumée* par *produits*

Louis Figuier

de la combustion ; mais n'en est-il pas moins parfaitement visible que Gauger avait compris tous les inconvénients de ne pas laisser dégager au dehors les produits de la combustion, qui, pour lui comme pour tous les hommes de son époque, étaient représentés par la fumée.

« Après avoir enseigné la construction de cheminées qui, comme il le dit lui-même, « avaient toutes les commodités des poêles, sans en avoir les incommodités, Gauger transforma encore les poêles eux-mêmes de manière à les rendre plus salubres. On peut voir dans la collection des machines de l'Académie pour 1720 les dispositions qu'il indiquait : outre le tuyau de dégagement de la fumée, un second tuyau, partant de l'extérieur, contournait le poêle de telle sorte que l'air du dehors pénétrait dans ce second tuyau, s'y échauffait, puis était versé dans l'appartement. Il a enfin mentionné quelques inventions moins importantes, sur lesquelles je n'insisterai pas.

« On pourrait espérer, d'après ce que j'ai dit de Gauger, que le nom de ce physicien fût resté célèbre parmi nous comme un de ceux des bienfaiteurs de l'humanité ; tout au contraire, il fut promptement oublié. Quoique sa *Mécanique du feu* ait été traduite en anglais et en allemand, quoique ses inventions aient été très-appréciées à l'époque où elles parurent, entre autres par Varignon, les rédacteurs du *Journal de Trévoux* et Frankin lui-même, elles ne tardèrent pas à lui être contestées. On prétendit qu'en Allemagne des cheminées analogues étaient déjà connues depuis longtemps ; l'inventeur en serait le Hollandais Jean de Heiden, et elles auraient été décrites par Sturm, dans un livre imprimé à Leipsick en 1699. Je n'ai pu retrouver cet ouvrage, il n'est même pas mentionné dans la *Bibliographie* cependant si complète, de Roth ; aussi faut-il croire que très-probablement ces assertions sont erronées.

« On a encore dit que les cheminées à *double courant d'air* avaient été indiquées par Savot, et en cela on faisait allusion à la cheminée du Cabinet des livres. Mais ce que j'ai rapporté de Savot et de Perrault montre qu'aucun de ces architectes ne peut être considéré comme l'inventeur des cheminées à prise d'air extérieur.

« On ne se contenta pas, du reste, d'accuser Gauger de n'avoir indiqué que des choses connues depuis longtemps ; on lui prit une à une toutes ses inventions. M. de Lagny présenta, dès 1741, à l'Académie des sciences, un appareil en tout semblable à celui que j'ai indiqué contre les incendies. Le nom de Gauger ne fut même pas attaché à ses cheminées. Un de ses frères, religieux de l'ordre des Chartreux, fit qu'elles furent appelées *Cheminées à la chartreuse.*

« En outre, beaucoup de ses imitateurs n'ayant que très-mal compris les principes qu'il avait cependant si clairement exposés et voulant introduire des améliorations, obtinrent un résultat tout contraire, et revinrent aux inventions de Savot et de Perrault. C'est ce qui eut lieu en particulier pour Pierre Hébrard, qui cependant avait si bien traité la partie historique de la question.

« Mais de tous les contemporains de Gauger, bien certainement celui qui fut le plus injuste à son égard, ce fut Genneté, qui tomba dans le défaut que je viens de signaler, non par ignorance (il était premier physicien de Sa Majesté Impériale en 1760), mais pour avoir voulu inventer des appareils qui au fond n'étaient que ceux de Gauger, dont il avait commencé par nier toutes les découvertes. — Il voulut aussi avoir trouvé la ventilation, en voyant la manière dont les ouvriers faisaient circuler l'air dans les mines du pays de Liège, et, pour cela, « il s'était rendu le disciple des noirs charbonniers, malgré le danger de s'en aller instruire si bas. »

« Quelle différence de ce style recherché avec celui au contraire si simple de la *Mécanique du feu* !

« Je serais loin d'avoir terminé, si je voulais montrer tous les emprunts qui ont été faits à ce livre. La plupart de nos inventions prétendues modernes s'y trouvent, sinon décrites, au moins indiquées ; j'aurai occasion d'en signaler quelques-unes. Je ne veux cependant pas abandonner ce sujet sans parler d'une autre espèce de spoliation dont faillit être victime notre Gauger.

« Après lui avoir pris toutes ses inventions, on voulut encore annihiler sa personnalité. En 1829, Mickleham, auteur d'un ouvrage anglais sur le chauffage et la ventilation, prétendit, sans que j'aie pu découvrir d'où venait cette version, que Gauger n'avait jamais existé, et que la *Mécanique du feu* avait été écrite sous ce nom supposé par le cardinal de Polignac. Cette opinion fut reproduite plus tard par Rernan et aussi par Tomlinson, dans sa

Louis Figuier

première édition, et c'est ce dernier auteur qui, ayant eu à écrire un article pour le journal « *The Quarterly Review,* » eut occasion de rechercher dans quelles circonstances un homme de la valeur du cardinal de Polignac avait fait une si heureuse découverte. Après de nombreuses recherches à Londres et à Paris, il parvint à s'assurer qu'une erreur avait été commise, non par Bernan, comme il le dit, mais par Mickleham dont l'ouvrage parut seize ans auparavant.

« Gauger exista en effet, et je ne crois pouvoir mieux le démontrer qu'en reproduisant la notice suivante, extraite de la Biographie universelle de Michaud :

« Gauger (Nicolas), né auprès de Pithiviers, vint à Paris trouver un heureux supplément à la modicité de sa fortune, — s'attacha sans charlatanisme à faire des expériences en public, — trouva ensuite le moyen de subsister avec honneur, — devint intime du P. Desmolets, de l'Oratoire, et du chevalier de Liouville, avec lesquels il entretint une correspondance littéraire. — Mort en 1730, après avoir publié : 1° la *Mécanique du feu*, etc.

« D'après l'un des titres, nous apprenons que Gauger était avocat au Parlement de Paris et censeur « royal de livres. »

Tel est l'homme qui, certainement, a le plus fait pour le chauffage, et qui peut-être eût été entièrement oublié, si Franklin ne l'avait mentionné dans ses écrits. Ses cheminées étaient parfaitement conçues ; elles n'avaient que le défaut d'être un peu trop compliquées, surtout par l'adjonction d'accessoires dont cependant on ne peut nier l'utilité [1]».

Dans les passages que nous venons de citer, M. Castarède Labarthe force un peu la note admirative. Ce qu'il est resté de pratique des travaux de Gauger, c'est la division des parois de la cheminée en compartiments dans lesquels l'air froid est forcé de circuler autour du foyer, et de sortir ensuite par les bouches de chaleur placées latéralement. C'est encore à Gauger qu'appartient l'idée fondamentale, et aujourd'hui trop négligée, de faire, à l'extérieur de la chambre, une prise d'air, qui vienne s'échauffer autour du foyer, et se répande ensuite chaud dans la pièce.

En 1745, Franklin marqua une date importante dans l'histoire

---

1 *Du chauffage et de la ventilation des habitations privées*, par P. Castarède Labarthe. Paris, in-8, 1869.

du chauffage domestique, en inventant la *cheminée ou poêle à combustion renversée*, dont la figure 154 fait suffisamment comprendre le principe et la disposition.

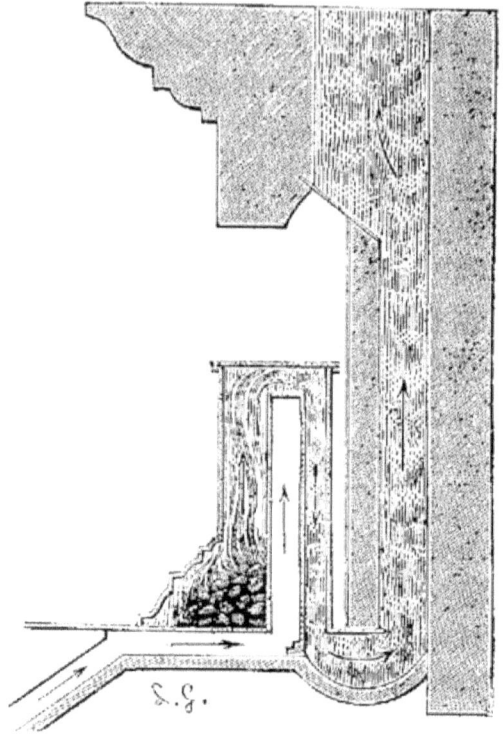

Fig. 154. — Cheminée à combustion renversée.

Déjà Keslaren 1619, avait mis en pratique le principe du *tirage renversé* ; mais il n'avait pas fait usage des chambres de chaleur à l'intérieur de la cheminée. Ce genre d'appareil de chauffage que Franklin appelait *poêle de Pensylvanie* (*Pennsylvanian fireplace*), se répandit rapidement dans les États-Unis d'Amérique. Il fut importé en France par Fossé et Barbeu-Dubourg.

Franklin eut encore le mérite de prouver que les cheminées sont fort utiles, en été, comme moyen de ventilation des appartements. Il chercha à augmenter l'activité de cette ventilation, par des moyens

Louis Figuier

ingénieux, que l'on trouve exposés dans une *Lettre à Baudouin*, qui fait partie de ses *Œuvres complètes*.

À cette liste des physiciens et des inventeurs qui ont contribué au perfectionnement de l'art du chauffage par les cheminées, il faut ajouter le nom du marquis de Montalembert, qui, en 1763, présenta sur cette question, à l'Académie des sciences de Paris, un mémoire plein d'intérêt.

Le marquis de Montalembert, qui avait été ambassadeur de France en Suède et en Russie, avait vu et bien apprécié les appareils de chauffage employés par les peuples du Nord. Rentré en France, il voulut en donner des descriptions exactes. Ces appareils sont les poêles de Keslar ; mais le marquis de Montalembert indiqua, en outre, une modification très-ingénieuse des cheminées, basée sur les mêmes principes et permettant une économie considérable. Ces cheminées n'empêchaient pas la vue du feu, comme les poêles, et étaient dès lors, comme il le dit, « plus conformes à la coutume de notre pays. »

C'est vers cette époque, comme nous l'apprend la grande *Encyclopédie* de Diderot, qu'un architecte de Paris, nommé Decotte, eut l'idée de poser les glaces des appartements, par-dessus les cheminées, ce qui fit disparaître les ornements, plus ou moins élégants, et les décorations sculpturales, que l'on appliquait depuis le Moyen âge, au-devant du tuyau des cheminées. C'était là une idée excellente, et comme les idées excellentes, elle rencontra toutes sortes d'oppositions, et ne triompha qu'avec le secours du temps. Comment serait reçu aujourd'hui l'architecte qui proposerait de supprimer les glaces qui couvrent nos cheminées, et de les débarrasser de la pendule classique et des non moins classiques flambeaux ?

CHAPITRE III

TRAVAUX DU PHYSICIEN RUMFORD SUR LE CHAUFFAGE AU MOYEN DES CHEMINÉES. — TRAVAUX DE PÉCLET SUR LES DIVERS MODES DE CHAUFFAGE.

Nous arrivons ainsi au physicien Rumford. Ses travaux exercèrent sur l'art du chauffage une influence considérable, mais qui ne fut pas toujours heureuse. Rumford, en effet, négligea totalement les bouches de chaleur, sur lesquelles Savot et Gauger avaient, avec raison, tant insisté. Les errements de Rumford, suivis encore aujourd'hui, sont déplorables à ce point de vue. C'est à ce physicien que l'on doit de voir la plupart des cheminées en France, privées de bouches de chaleur, artifice si simple et si efficace pour accroître la proportion de calorique fournie par les cheminées. Mais la part étant faite à un juste reproche, il faut reconnaître que Rumford a beaucoup perfectionné les détails de construction des cheminées, et qu'en particulier, sa *cheminée à foyer mobile* fut une invention d'un grand mérite.

Pour faire bien apprécier les travaux de Rumford sur le chauffage domestique, il sera nécessaire de poser ici quelques principes de physique, c'est-à-dire de bien établir en quoi consistent, d'une part, le *tirage* d'une cheminée, et d'autre part le *rayonnement* de la chaleur par les combustibles brûlant dans l'âtre.

Qu'est-ce que le tirage ? C'est l'action par laquelle les gaz contenus dans la cheminée, plus chauds et plus légers que l'air ambiant, tendent à s'élever, et appellent à leur place une nouvelle colonne d'air. Cette nouvelle colonne d'air alimente la combustion, s'échauffe, et s'échappe à son tour par le conduit de la fumée. L'activité du tirage, c'est le passage plus ou moins prompt de l'air par la cheminée, passage qui dépend lui-même du degré d'intensité de la combustion.

Pour mieux préciser, supposons que chaque litre des gaz contenus dans la cheminée AB (*fig.* 156), pèse un quart de litre de moins qu'un litre d'air ambiant ; la force ascensionnelle de la colonne AB sera représentée par cette différence de poids, multipliée par le nombre de litres de gaz qu'elle contient ; ou plus scrupuleusement, ce sera la différence du poids entre la colonne gazeuse AB, et une égale colonne d'air extérieur, CD. On comprend, d'après cela, que plus la cheminée sera haute, plus le tirage sera actif.

Diverses dispositions sont avantageuses pour activer le tirage ; nous les ferons connaître en leur lieu.

Louis Figuier

Fig. 155. — Benjamin de Rumford.

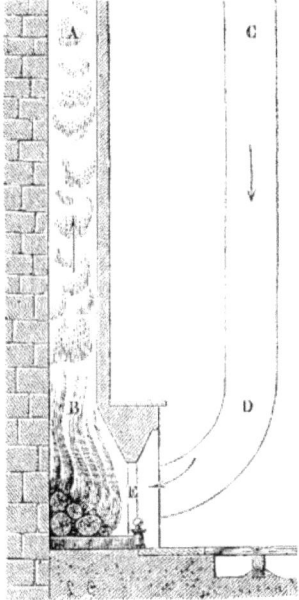

Fig. 156. — Principe du tirage des cheminées.

CHAPITRE III

En ce qui concerne la deuxième question, c'est-à-dire le rayonnement, nous dirons qu'on obtient tout l'effet utile d'un mode de chauffage quelconque, alors qu'on profite de toute la chaleur rayonnante que fournit la combustion.

Un poids défini de charbon ne peut donner qu'une quantité de chaleur rayonnante déterminée,[1] et il la donne toujours, si sa combustion est complète. Il en est de même pour tout autre combustible. Les prétendus inventeurs allant à la recherche d'appareils qui, dans leur imagination, doivent faire rendre à la houille ou au bois plus de chaleur que le maximum connu, s'engagent donc dans une voie fausse. Les seuls appareils que l'on doive chercher sont ceux qui laisseraient perdre moins de chaleur que ceux actuellement en usage, et qui rempliraient tout à la fois les conditions de l'économie dans l'installation et de la commodité dans le service.

Cette quantité totale, et à peu près constante, de chaleur rayonnante que peut donner un combustible, doit être divisée en deux parts : la chaleur qui rayonne directement par le foyer, — et c'est la seule qu'utilisent les cheminées ordinaires ; — et la chaleur rayonnée par les conduits de la fumée, ou les autres corps que peut chauffer le combustible. Les poêles ne réchauffent que de cette seconde manière.

La quantité de chaleur donnée par nos meilleures cheminées, ne s'élève guère qu'à 12 ou 14 pour 100 de la chaleur développée par le combustible ; un volume d'air considérable est chauffé en pure perte, au point de vue du rendement calorifique, et s'écoule à l'extérieur.

De là ce mot de Franklin : « La cheminée est le meilleur moyen de se chauffer le moins possible, en brûlant la plus grande quantité possible de bois. »

L'air appelé par la cheminée en sort, en effet, avec une température qui peut dépasser 100 degrés,[2] et avec une vitesse de $1^m,40$ à 2 mètres par seconde. Les poêles, au contraire, n'admettant guère

---

[1] Un kilogramme de charbon théoriquement pur, produit en brûlant 36 000 calories.

[2] *Manuel pratique du chauffage et de la ventilation*, par M. le général Morin, in-8. Paris, 1868.

Louis Figuier

plus d'air qu'il n'en faut pour la combustion, et refroidissant la fumée au sein de leurs tuyaux, peuvent, quand ces conduits ont une longueur considérable, ne rejeter que des gaz à peu près refroidis, et utiliser par conséquent la presque totalité de la chaleur émise par le combustible.

Si les cheminées consomment beaucoup et réchauffent peu ; si elles ont, en outre, le désagrément d'appeler par tous les joints des portes et des fenêtres, des vents coulis, qui viennent glacer le dos, pendant qu'on a la face grillée par le foyer, elles présentent l'inappréciable avantage d'égayer par le spectacle d'une belle flamme et par les petits épisodes de la combustion de la bûche, qui, d'abord, flambe joyeusement, puis laisse un brillant tison, qui s'envole en un millier d'étincelles.

La verve des poètes a décrit de mille manières le bonheur de rêver au coin du feu, le plaisir de tisonner et d'édifier des châteaux de feu, qui croulent plus vite encore que les châteaux en Espagne ! Les gens du monde disent, plus simplement, que le feu tient compagnie, et nous sommes de leur avis. Ajoutons que l'énorme quantité d'air que le tirage appelle, renouvelle incessamment l'atmosphère de la pièce. Aussi le chauffage par les cheminées est-il le plus salubre, en même temps que le plus agréable de tous les moyens de chauffage.

Voilà les avantages certains, le côté séduisant et utile de la cheminée. Mais, hâtons-nous de le dire, pour revenir à Rumford, toutes ces qualités n'existaient pas au même degré avant le célèbre physicien français. Quelques passages extraits de son ouvrage feront comprendre, mieux que tout ce que nous pourrions en dire, quels furent les travaux de ce savant.

« Dans le cours de mes diverses expériences, et de la pratique que j'ai acquise en rectifiant la construction des cheminées qui fument, je n'ai jamais été obligé, dit Rumford, excepté dans un seul cas, d'avoir recours à un autre moyen que celui de réduire le foyer, et ce que j'appellerai la gorge de la cheminée, c'est-à-dire la partie inférieure du tuyau qui est immédiatement au-dessus du foyer, à de justes formes et proportions.[1] »

Ici Rumford se trompe, par excès de modestie. Il fit plus que

---

1 *Essais politiques, économiques et philosophiques*, par Benjamin, comte de Rumford, traduit de l'anglais, 2 vol. in-8. Genève, 1799.

CHAPITRE III

réduire les dimensions de la gorge et celles du foyer ; il avança encore le foyer du côté de la pièce, et changea la forme des pieds droits, comme le prouveront les extraits qui vont suivre, ainsi que les figures que nous reproduirons d'après son ouvrage.

« Le résultat de plusieurs expériences faites avec le plus grand soin à l'aide du thermomètre, démontre que l'économie du combustible provenant des changements faits aux cheminées montait ordinairement à moitié, quelquefois même aux deux tiers de la quantité consommée précédemment. »

Si les cheminées modernes perfectionnées ne donnent que 12 ou 14 pour 100 de la chaleur totale, on peut en inférer que les grandes cheminées de l'époque de la Renaissance n'arrivaient guère à utiliser que 4 à 5 pour 100 de la chaleur du combustible.

« La seule plainte, continue Rumford, que j'aie entendu faire, est que la nouvelle méthode rendait les chambres trop chaudes ; mais il est si facile d'y remédier, que j'aurais hésité à en faire mention, de crainte qu'on ne s'imaginât que c'était une insulte faite à la personne qui a inventé les changements adaptés aux cheminées… »

Rumford distingue deux sortes de chaleur, comme nous avons distingué plus haut la chaleur par rayonnement de la chaleur par contact. C'est ce qu'il exprime ainsi, dans le langage imparfait de la physique de son temps :

« L'une est combinée avec la fumée, les vapeurs et l'air échauffé qui s'élèvent du combustible en feu, et passe dans les régions supérieures de l'atmosphère tandis que l'autre partie qui paraît n'être point combinée, ou, comme quelques physiciens le supposent, qui n'est combinée qu'avec la lumière, part du feu sous la forme de rayons dans toutes les directions possibles. »

Nous regrettons de ne pas pouvoir reproduire, à cause de sa longueur, tout ce passage, qui est très-curieux et qui présente très-bien l'état de la science à cette époque.

Rumford établit que la chaleur rayonnante, ou *non combinée*, pour nous servir de son expression, est seule utilisée par les cheminées, et il ne doute pas que la chaleur perdue ne soit « trois ou quatre fois » plus considérable que celle qui émane du combustible sous forme de rayons. Puis il cherche à augmenter le plus possible la quantité chaleur de rayonnante, par l'arrangement du feu et par la disposition des surfaces réfléchissantes.

« D'après un mûr examen sur la meilleure forme à donner aux côtés verticaux d'un foyer, ou ce qu'on appelle les *jambages*, on a trouvé que c'est celle d'un plan droit, faisant un angle de 135° sur la surface plane du fond de la cheminée. Suivant l'ancienne construction des cheminées, cet angle est droit ou de 90° ; mais, comme dans ce cas les jambages de la cheminée (AC, BD) sont parallèles, il est évident que cette disposition est peu propre à renvoyer dans la chambre, par voie de réflexion, les rayons qui émanent du feu. »

Fig. 157. — Coupe de l'ancienne cheminée.

La figure 157, que donne Rumford dans son ouvrage, et que nous reproduisons, représente la coupe de l'ancienne cheminée ; la figure 158 est la coupe de la cheminée moderne, modifiée d'après les principes posés par Rumford.

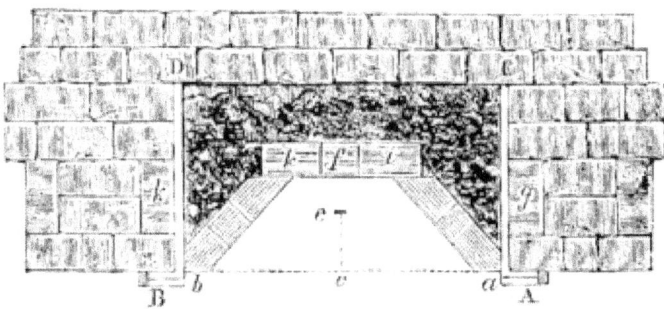

Fig. 158. — Coupe de la cheminée modifiée par Rumford.

CHAPITRE III

Il conseille de recouvrir d'un enduit blanc les surfaces inclinées *bk* et *ia*, « la couleur blanche étant celle qui réfléchit le plus de chaleur et de lumière. »

Les figures 157 et 158 représentent donc, l'une la coupe verticale de la cheminée ancienne, la seconde, la cheminée, après la modification apportée par Rumford. Comme on le voit, Rumford se contente, en somme, de placer dans le fond et sur les côtés, une maçonnerie solide, qui ne laisse pour toute gorge qu'une fente (*f*) large, en moyenne, de 4 pouces ($0^m,11$), qui avance le foyer vers la chambre, et dont les jambages, blancs et inclinés, réfléchissent la chaleur. Il diminue aussi la dimension de l'âtre *ab*.

Un point semblait fort le préoccuper : par où pourrait entrer le ramoneur, alors que la gorge du tuyau ne serait large que de 4 pouces ? Rumford résolut la question par une « invention » bien simple. Vers le haut de la maçonnerie et à l'entrée de la gorge, une pierre (*ik*) est posée, sans ciment, dans un encastrement qu'elle remplit. Le ramoneur, pour entrer, ôte la pierre, et le passage est libre ; l'opération terminée, il remet la pierre en place.

Nous n'avons plus aujourd'hui pareil souci. Nos conduits de cheminées sont trop étroits pour admettre le corps du plus mince ramoneur. Les individus qui exercent cette industrie, pratiquent le ramonage à l'aide d'un fagot de minces lames métalliques, qu'on promène avec une corde, sur toute la longueur du tuyau, et de ce mode plus simple de ramonage, il résulte même une économie.

Tels furent les principes donnés par Rumford pour la disposition du foyer des cheminées. Aussi simples qu'efficaces, ils ouvrirent la voie aux nombreuses modifications qu'on n'a cessé de proposer jusqu'à nos jours. Seulement, comme nous l'avons dit, Rumford, ayant complètement négligé les bouches de chaleur dont plusieurs architectes avaient pourtant, avant lui, compris la nécessité, laissa son œuvre imparfaite.

Parmi les physiciens qui se sont occupés, dans notre siècle, de l'étude du chauffage domestique, il faut citer, comme tout à fait hors ligne, E. Péclet, professeur de physique à la Faculté des sciences de Marseille, ensuite à l'École centrale des arts et manufactures de Paris, enfin inspecteur général de l'Université, connu par un excellent *Traité de physique*, demeuré classique. Dans les derniers temps de sa vie, E. Péclet s'était consacré entièrement à l'étude expérimentale du chauffage. La chaleur considérée dans toutes ses applications, tant dans l'industrie que dans l'économie domestique, devint, entre ses mains, le sujet d'un nombre considérable de recherches, dont il consigna les résultats dans tous les recueils de sociétés savantes et industrielles, particulièrement dans le *Bulletin de la Société d'encouragement pour l'industrie nationale*.

Fig. 159. — E. Péclet.

Les immenses travaux de Péclet sur ces diverses questions ont été résumés par lui dans son *Traité de la chaleur*,[1] livre fondamental pour l'étude de toutes les questions relatives au chauffage, et que nous aurons bien souvent à invoquer dans le cours de cette Notice.

CHAPITRE IV

CONSTRUCTION DES CHEMINÉES MODERNES. — COMPOSITION

---

1 *Traité de la chaleur considérée dans ses applications*, 3 vol. in-8, 3ᵉ édition. Paris, 1860.

DU TUYAU. — FORME DU FOYER. — CONDUITS DE LA FUMÉE. —
CHEMINÉE DITE DE RUMFORD. — TABLIER MOBILE DE LHOMOND.
— CHEMINÉE À LA FRANKLIN. — FOYER MOBILE DE BRONZAC. —
CHEMINÉES ANGLAISES POUR BRULER LA HOUILLE. — FOYERS À
FLAMME RENVERSÉE.

Après cette histoire des perfectionnements successifs de l'art
du chauffage au moyen des cheminées, nous aborderons la
description des cheminées, en général, et nous ferons connaître
les dispositions particulières de leurs parties essentielles, à savoir,
le tuyau et le foyer.

En 1712 et 1713, le gouvernement français crut nécessaire de
faire paraître des ordonnances pour fixer les dimensions à donner
aux cheminées d'habitations. C'était pousser loin la fureur de
réglementation administrative. Il est heureux, d'ailleurs, que ces
ordonnances soient tombées en désuétude. D'après ce règlement,
les gorges des cheminées d'appartement devaient avoir 4 à 5 pieds
de largeur sur 10 pouces de profondeur (1^m,30 à 1^m,60 sur 0^m,27),
et les cheminées des cuisines des grandes maisons 4 pieds et demi
à 5 pieds de largeur sur 10 pouces de profondeur. (1^m,46 à 1^m,60 sur
0^m,27). Ces proportions exagérées données au tuyau de la cheminée
faisaient naître des courants en sens différents, qui rabattaient la
fumée dans les pièces. En outre les conduits occupaient une grande
place dans les bâtiments.

Depuis cette époque, on a remédié en partie à ces défauts, en
rétrécissant le conduit à la gorge, d'après les préceptes de Rumford,
ou bien au sommet, ce qui donne à peu près le même résultat. On
trouve encore à la campagne et dans les vieilles maisons de villes,
bon nombre de cheminées de cette espèce, c'est-à-dire pourvues de
gigantesques tuyaux, d'après les us et coutumes du dernier siècle.

Les mêmes ordonnances portaient que les conduits de la fumée
devaient être bâtis en briques, soutenus, de distance en distance,
par des tiges de fer. Cette dernière règle n'est pas plus appliquée
aujourd'hui que la précédente.

Pendant longtemps les tuyaux furent faits exclusivement en
plâtre, soit parce que leur prix de revient était peu élevé, soit parce
que les changements de direction s'établissent plus facilement

Louis Figuier

qu'en briques, et sans qu'il soit nécessaire de les maintenir avec des armatures métalliques. Le plâtre est peut-être pourtant, de tous les matériaux, celui qui présente les inconvénients les plus graves pour la construction des tuyaux de cheminées : la chaleur le calcine et le fend, les variations de température le disloquent, et l'eau provenant de la condensation de la vapeur du foyer, aussi bien que l'eau de la pluie, le désagrège et le détruit lentement.

Les tuyaux de fonte, quoique plus résistants, ne sont pas d'un meilleur service. Ils se dilatent, par la chaleur, plus que la maçonnerie dans laquelle ils sont engagés, et compromettent ainsi la solidité de l'édifice. On préfère aujourd'hui, pour construire les tuyaux de cheminée, les conduites en terre cuite, soit qu'on emploie les briques creuses et moulées, dites *wagons*, dont on trouve dans le commerce cinq modèles de grandeurs différentes ; soit qu'on se serve de *boisseaux*, sorte d'anneaux qui s'emboîtent pour former les conduits, et dont six numéros correspondent à six dimensions diverses de cheminées ; soit, enfin, qu'on choisisse les briques cintrées, appelées *briques Gourlier*, du nom de leur inventeur. Ce dernier système fut, pour la première fois, mis en usage dans la construction du palais de la Bourse de Paris. Ces briques sont moulées de manière à former un canal en se juxtaposant.

Les briques Gourlier n'augmentent pas l'épaisseur de la muraille, et ne diminuent point sa solidité. Diverses formes et diverses grandeurs répondent à tous les cas de la pratique. Ce mode de construction des tuyaux de cheminées est celui qu'on adopte le plus fréquemment dans les nouvelles maisons de Paris.

La dimension du tuyau et la forme de sa section ne sont pas indifférentes pour son bon fonctionnement. M. le général Morin, dont nous aurons plusieurs fois à citer les travaux, dans le courant de cette Notice, a établi, par de nombreuses expériences, faites au Conservatoire des arts et métiers de Paris, que l'air provenant de la combustion, dans une cheminée, doit parcourir le tuyau avec une vitesse de $1^m,40$ à 2 mètres par seconde, et s'écouler avec une vitesse de 3 mètres par son sommet rétréci. De ces proportions dépendent l'activité du tirage, le renouvellement convenable de l'air dans la chambre, et l'expulsion complète de la fumée. Or, pour que les gaz qui traversent le foyer, atteignent cette vitesse, il est nécessaire qu'ils ne se refroidissent pas inutilement dans leur ascension. Il convient donc de donner à la section du tuyau une forme telle que le plus grand volume gazeux soit enfermé par la moindre surface possible. La géométrie résout ce problème en indiquant la section circulaire, c'est-à-dire celle des briques Gourlier. Et comme dans un tuyau partout cylindrique, l'air brûlé se refroidissant et diminuant de volume à mesure de son ascension, perdrait continuellement de sa vitesse, on donne au conduit une forme légèrement conique. Le tuyau se rétrécit graduellement jusqu'en haut ; puis à l'orifice extérieur, il se resserre brusquement, afin que le même volume gazeux, passant par une section plus étroite, soit alors forcé d'augmenter sa vitesse.

La surface de la section moyenne d'un tuyau de cheminée, doit être calculée d'après le volume moyen de gaz qui, pendant une combustion bien conduite, traverse l'ouverture de la cheminée. Les architectes donnent toujours au tuyau des dimensions trop larges. Il en résulte une perte de chaleur, à cause de la grande quantité d'air qui est inutilement chauffée, et une diminution du tirage, parce que le foyer ne communique pas à ce grand volume d'air une température aussi élevée qu'à un volume plus restreint.

Ce qui prouve qu'un tuyau beaucoup plus étroit que ceux que l'on adopte aujourd'hui, suffirait à un bon tirage, c'est que les poêles, dans lesquels on brûle beaucoup plus de bois ou de charbon que dans les cheminées ordinaires, n'ont pourtant qu'un conduit six ou sept fois plus étroit. M. le général Morin, dans son *Manuel pratique du chauffage et de la ventilation*, a donné des tables dans lesquelles les dimensions des conduits de fumée et toutes les autres proportions des foyers, sont calculées d'après la capacité des pièces à chauffer. Les architectes feront bien de consulter ces tables.

Après cette description du mode de construction des tuyaux de cheminées, nous parlerons des principales formes que l'on donne aujourd'hui au foyer, en d'autres termes, nous ferons connaître les différents systèmes de cheminées d'appartement.

On nomme généralement *cheminée de Rumford*, la cheminée telle qu'elle est construite dans l'immense majorité de nos appartements. La cheminée dite de *Rumford* n'a plus grande ressemblance avec le vieux modèle laissé par ce physicien. La fumée, au lieu de monter verticalement, comme le voulait Rumford, s'engage dans une gorge oblique, avant d'arriver au tuyau proprement dit. Ce tuyau est arrondi, ou se rapproche de cette forme, tandis qu'au temps de Rumford, tous les conduits de fumée affectaient la forme quadrangulaire.

La figure 160 représente la *cheminée ordinaire*, ou de Rumford.

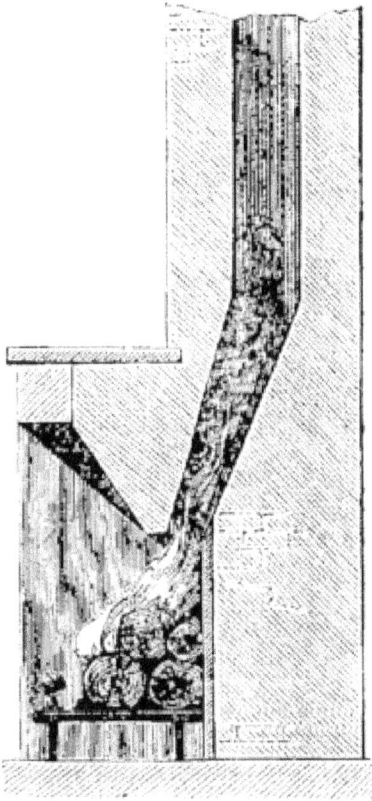

Fig. 160. — Cheminée dite de Rumford.

Cette cheminée, quoique très-simple, donne d'assez bons résultats, et sa construction est peu coûteuse. Seulement on y regrette l'absence de toute bouche de chaleur.

La plupart de nos cheminées d'appartements sont pourvues d'un tablier de tôle, mobile dans une coulisse. On abaisse ce tablier pour activer le tirage. On attribue l'ingénieuse idée de cet appareil, si commode, à Lhomond, physicien de Paris du dernier siècle, dont nous avons déjà cité le nom dans cet ouvrage, à propos des premiers essais de la télégraphie électrique.[1]

Le *tablier mobile* inventé par Lhomond est représenté en élévation dans la figure 161.

Fig. 161. — Tablier mobile de Lhomond.

Le tablier est composé de deux plaques métalliques, supportées chacune par un contre-poids, au moyen d'une chaîne de fer, et pouvant glisser dans des coulisses, qui sont ménagées sur les côtés de l'ouverture de la cheminée. La figure 162 montre le mécanisme qui permet de lever et d'abaisser les plaques de tôle composant le tablier. La plaque inférieure A porte un arrêt a, qui vient butter, quand on l'abaisse, contre un arrêt semblable, fixé à la partie inférieure de l'autre plaque B. Cette seconde plaque est ainsi entraînée à son tour. Un jeu semblable sert dans le mouvement inverse.

---

1 Tome II, p. 91, *Le Télégraphe électrique*.

Louis Figuier

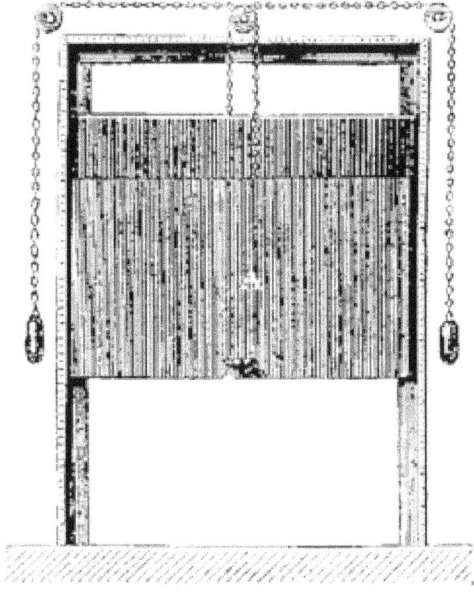

Fig. 162. — Tablier mobile (mécanisme).

Le tablier a pour utilité de fermer, quand on le veut, presque entièrement l'ouverture de la cheminée, en ne laissant à la partie inférieure qu'un petit espace par lequel l'air est attiré avec force. L'air, passant ainsi forcément à travers le combustible tout entier, augmente rapidement l'activité de la combustion. Tout l'air ainsi appelé est mis à profit pour le tirage, et cet énergique appel fait l'office d'une excellente machine soufflante. Aussi l'invention du tablier mobile a-t-elle supprimé l'antique soufflet. Les fabricants de soufflets furent ruinés par la découverte de Lhomond !

Il serait superflu d'insister sur les avantages du tablier mobile. Tout le monde sait qu'il est très-utile, au moment où l'on allume le feu, ou lorsqu'il languit, comme étouffé par une nouvelle charge de combustible.

Le tablier est appliqué aujourd'hui à presque tous les systèmes de cheminées.

La cheminée dite *à la Franklin* est une petite cheminée, non plus encastrée dans la muraille, mais détachée de celle-ci, recouverte d'une enveloppe métallique, et portant un tuyau en tôle ou en cuivre, que l'on fait aboutir dans le conduit d'une autre cheminée. C'est la même invention qui a été reproduite de nos jours sous le nom de *cheminée à la prussienne* et sur laquelle nous reviendrons en parlant, dans un autre chapitre, des *cheminées-poêles*.

Vers 1830, M. Bronzac imagina, pour mieux utiliser la chaleur rayonnante du combustible, d'adapter à la cheminée de Franklin un foyer mobile. Cette disposition fut ensuite appliquée à toutes les espèces de cheminées. La figure 163 montre la disposition de cet appareil.

Fig. 163. — Cheminée Bronzac.

Louis Figuier

Un chariot, porté sur quatre galets *g, g* et muni d'une sorte de dos de fauteuil en tôle épaisse, reçoit les chenets et le bois, ou la grille et le charbon. Pour allumer le feu, on repousse le chariot au fond de la cheminée, et on abaisse le tablier. Quand le tirage a acquis l'activité suffisante, on relève le tablier et on avance peu à peu le chariot dans la chambre, sans toutefois dépasser la limite à laquelle la fumée ne se dirige plus dans le tuyau.

La quantité de chaleur rayonnante utilisée est souvent presque doublée par cette ingénieuse méthode.

À l'expiration du brevet de M. Bronzac, la construction de ces appareils tomba dans le domaine public, et leur vogue cessa presque aussitôt. C'est que les divers constructeurs qui les entreprirent, voulurent les livrer à trop bas prix, en raison de la concurrence. Dès lors ces appareils devinrent si mauvais qu'ils ne conservèrent plus la confiance publique.

À l'Exposition universelle de 1855, on voyait un appareil basé sur le même principe, mais qui l'exagérait outre mesure. Le foyer pouvait, s'il était bien allumé, être avancé de plusieurs mètres dans la chambre. Une série de tuyaux s'emboîtant les uns dans les autres, comme les tubes d'une lunette, servait à relier le foyer au conduit de la cheminée. Cette invention n'eut aucun succès.

Depuis longtemps, en Angleterre, on emploie des cheminées à houille d'une forme particulière qui n'exclut point l'élégance.

Une grille très en saillie s'abouche à une longue gorge, étroite et cylindrique, laquelle va obliquement aboutir à la cheminée proprement dite. Sur les côtés de la grille sont deux petits autels, pour y placer des vases pleins d'eau. L'intérieur de la gorge et les autels sont recouverts de fonte, et de cette manière sont très-facilement maintenus propres. Le ramonage se fait au fagot.

Une grande quantité de la chaleur rayonnante est ainsi utilisée. Ces cheminées chauffent beaucoup, à cause de cette disposition, et parce que la houille et le coke rayonnent deux fois plus de chaleur qu'un poids égal de bois. Elles commencent à se répandre en France.

Dans les pays où le coke est à bon marché, il serait commode de modifier les cheminées ordinaires en leur donnant la forme anglaise.

CHAPITRE IV

On a proposé, de nos jours, quelques foyers à houille, à foyer découvert et à flamme renversée, qui, à cause de la saillie qu'on peut leur donner, utilisent plus de chaleur rayonnante que les foyers ordinaires.

L'ouverture de la cheminée ne présente que deux passages à l'air. Les passages sont séparés l'un de l'autre par une plaque de fonte horizontale. Sur la plaque et par l'ouverture supérieure, on introduit du menu combustible facilement inflammable, pour commencer le tirage, puis on ferme les registres. L'air est alors attiré par l'ouverture inférieure, qui n'est autre chose que la grille, et pousse dans la cheminée les gaz du charbon. Une fois le feu pris, et la colonne d'air du tuyau chauffée, le tirage marche bien et continue dans le même sens. Comme il n'entre dans la cheminée que de l'air traversant la grille, la combustion marche avec une grande vitesse, trop grande même à certains moments, mais que l'on peut régler avec le registre, en donnant un passage supplémentaire plus ou moins grand, par l'ouverture supérieure.

Avec ce système, le feu est difficile à allumer, et tant que le tirage n'a pas atteint l'activité suffisante, de la fumée peut se répandre dans la chambre. Ce sont deux défauts irrémédiables, qui nous dispensent de donner ici la figure de ces appareils.

M. Millet a imaginé plusieurs cheminées d'un mécanisme très-compliqué, qui n'ont obtenu qu'un succès d'estime. Le mieux combiné de ces appareils a pour principe de régler en même temps, et par un seul mouvement imprimé à un levier, l'arrivée de l'air sur le foyer, et la grandeur de l'orifice d'entrée de la fumée dans le tuyau. Lorsqu'on allume le feu et que le tirage est plus actif, il convient de diminuer ces deux ouvertures pour que l'air acquière une certaine vitesse ; quand le feu est bien pris, on les ouvre toutes grandes ; et on peut les refermer dans une certaine mesure vers la fin de la combustion. Le foyer est à flamme renversée.

M. Péclet a proposé un système très-simple de cheminée à flamme renversée, qui répond aux mêmes indications que la cheminée Millet. Une cloison verticale sépare le foyer du fond de la cheminée, son sommet s'élève jusqu'à la gorge, et la coupe en deux parties à peu près égales. Une ouverture qui peut être tenue fermée par une soupape, fait communiquer le foyer avec l'arrière-fond de la cheminée, et ouvre, par conséquent, une autre voie à la fumée. Quand on allume le feu, on ferme la soupape, et l'air brûlé n'a pour s'échapper que la moitié antérieure de la gorge, ce qui correspond à l'ouverture rétrécie de l'appareil de M. Millet ; et quand le feu est bien pris, on ouvre la communication, une partie de la flamme se renverse, passe dans l'arrière-fond, et toute la gorge sert au passage de la fumée.

Dans les foyers à flamme renversée, la combustion est plus complète que dans les foyers ordinaires ; mais ce principe, appliqué aux cheminées, ne donne pas de bons résultats, parce qu'une grande partie de la flamme est cachée, et que sa chaleur rayonnante n'est point utilisée. Vu le peu de succès qu'ont obtenu les appareils de cette espèce, nous nous dispenserons d'en donner les figures.

CHAPITRE V

LES CHEMINÉES VENTILATRICES. — AVANTAGES ET RENDEMENT CALORIFIQUE. — APPAREIL LERAS. — APPAREILS À TUBES VERTICAUX OU HORIZONTAUX. — CHEMINÉE FONDET. — CHEMINÉE DE M. CH. JOLY.

Dans les cheminées que nous avons étudiées jusqu'ici, la chaleur rayonnante est seule utilisée. C'est le système de Rumford, dans lequel on a supprimé toute espèce de bouches de chaleur. De nos jours, ou est revenu sur la regrettable erreur de Rumford, et l'on a imaginé divers systèmes d'appareils qui ont pour objet de mettre à profit la chaleur qu'emportent les gaz provenant de la combustion. M. Péclet donne à ces cheminées le nom de *cheminées ventilatrices*, nom assez impropre, car il ne fait pas connaître leur objet exact. Le but de ces cheminées, c'est de chauffer un certain volume d'air, à l'aide des gaz brûlants qui existent dans le foyer, et de déverser cet air chaud dans les pièces. Ces cheminées donnent un rendement calorifique bien supérieur à celui des cheminées ordinaires.

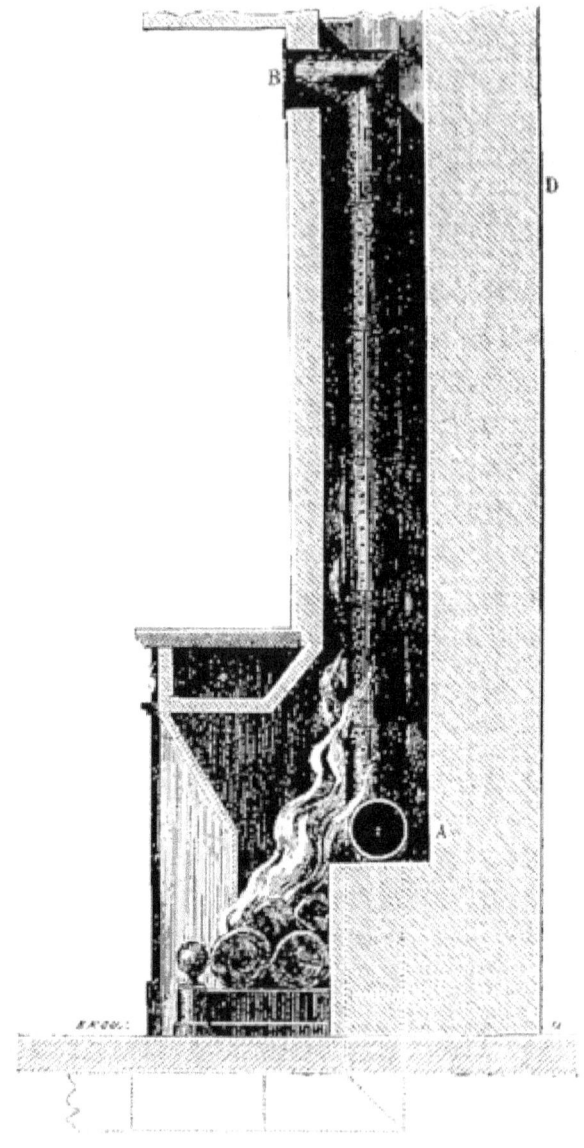

Fig. 164. — Cheminée ventilatrice.

La plus simple de ces cheminées est représentée figure 164. Dans le conduit de fumée on place un tuyau de tôle, dont l'extrémité inférieure s'ouvre à l'air du dehors, et dont l'extrémité supérieure débouche dans la chambre, à travers la paroi de la cheminée et tout près du plafond. L'air de ce tuyau qui communique avec celui de la pièce, ou bien avec une ventouse extérieure, par une bouche d'entrée A, s'échauffe au contact des gaz du foyer, et un tirage s'établit, qui amène dans la chambre, par la bouche supérieure B, un courant d'air chaud, remplaçant celui que le tirage de la cheminée emporte.

Si cette arrivée se fait en quantité suffisante, l'aspiration d'air extérieur qui fait siffler les vents coulis aux jointures des portes et des fenêtres, est satisfaite, et l'on n'a plus, suivant les paroles de Rumford, « une partie du corps qui frissonne, tandis que l'autre est grillée par le feu de la cheminée. » Au contraire, l'air chaud s'étale en nappe à la partie supérieure de la pièce, et descend graduellement en répandant sa chaleur d'une manière uniforme, jusqu'à ce que le courant l'entraîne dans le foyer.

Dans les cheminées ordinaires, l'aspiration de l'air par le tirage produit, quand la chambre est bien fermée, une diminution de pression barométrique, qui cause une impression désagréable, comparable à la sensation qu'on éprouve avant un orage. Au contraire, dans les cheminées que Péclet appelle *ventilatrices*, la large section du tuyau d'appel maintient la pression intérieure sensiblement au niveau de la pression du dehors, et rien de semblable ne peut avoir lieu.

La disposition représentée par la figure 164 a l'inconvénient de ne permettre le ramonage de la cheminée qu'à la condition de démonter le tuyau ventilateur.

Dans l'appareil représenté par la figure 165 et que l'on connaît sous le nom de *cheminée Douglas Galton*, du nom d'un officier du génie anglais qui l'a imaginée, le tuyau de tôle AC donne passage à la fumée. L'espace compris entre ce tuyau de tôle et la maçonnerie, reçoit l'air appelé par un conduit, B, qui va le prendre au dehors, et cet air, après s'être chauffé en léchant le tuyau de fumée, AC, se répand à l'intérieur de la pièce par la bouche supérieure. Ici le ramonage au fagot est aussi facile à opérer que dans une cheminée ordinaire.

CHAPITRE V

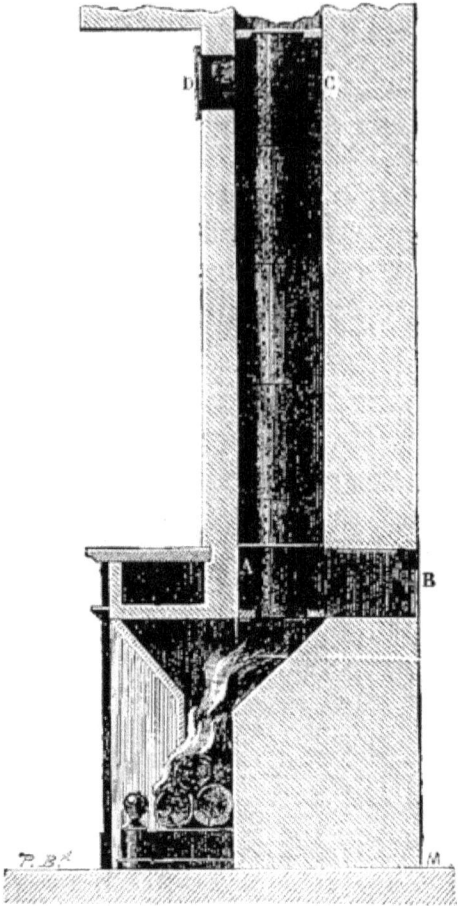

Fig. 165. — Cheminée Douglas Galton.

Des expériences faites au Conservatoire des arts et métiers, sur deux cheminées de ce genre, construites pour les casernes anglaises, d'après les proportions données par le capitaine Douglas Galton, montrèrent que le volume d'air apporté par la ventilation est à peu près égal au volume emporté par le tirage ; que, quand le feu marche bien, l'air chaud, à son entrée dans la chambre, a la température de 33°. Le rendement calorifique de cette cheminée est

Louis Figuier

de 35 pour 100 de la chaleur totale développée par le combustible.[1]

La cheminée Douglas Galton est très-recommandée par Péclet.

M. Leras, professeur au lycée d'Alençon, avait présenté à l'Exposition universelle de 1855, une cheminée ventilatrice, ainsi composée. Plusieurs boîtes communiquant successivement les unes avec les autres, entourent le foyer. Celui-ci est très-avancé dans la pièce, et des plaques de cuivre poli qui garnissent ses côtés, augmentent encore le rayonnement. L'air du dehors entre dans la première boîte qui se trouve sous l'âtre, puis passe derrière le foyer, circule sur les côtés, et vient enfin se dégager par plusieurs bouches percées latéralement sur les jambages.

Un appareil remarquable, et qui s'est rapidement propagé dans les nouvelles maisons de Paris, c'est l'appareil à *tubes pneumatiques* de M. Fondet, qui est d'une installation très-facile et d'un effet calorifique excellent. Dans cet appareil, l'air appelé de l'extérieur, au moyen d'ouvertures qui correspondent à un canal pratiqué dans l'épaisseur des murs, et que les architectes d'aujourd'hui appellent, assez improprement, *ventouse*, vient circuler autour d'une série de tubes semblables à ceux d'un jeu d'orgue. Après s'être échauffé en traversant ces tubes, cet air est rejeté à l'intérieur de la pièce.

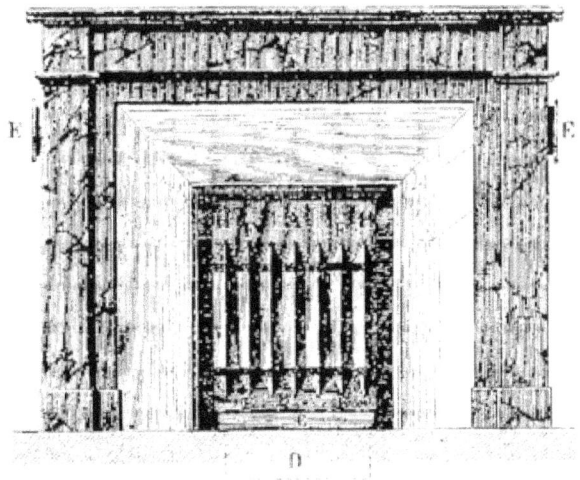

Fig. 166. — Cheminée Fondet.

---

1 Général Morin, *Manuel pratique du chauffage et de la ventilation*

La figure 166 représente cet appareil en place. Une série de tubes de fonte, F, F, appliqués sur une plaque HH, remplacent la plaque du fond de la cheminée, et se posent avec un certain degré d'inclinaison. Deux capacités horizontales, C, A, sont séparées l'une de l'autre par la série de tubes étroits, F, F La capacité inférieure, C, communique avec une prise d'air extérieure, c'est-à-dire avec la ventouse, au moyen du canal D, placé sous le parquet. L'air attiré dans ce tuyau parcourt toute la série des petits tubes F, F, et après s'y être beaucoup échauffé, il se rend dans la capacité horizontale supérieure A, d'où il est déversé dans la chambre par une bouche de chaleur E qui s'ouvre sur le côté de la cheminée.

La figure 167 fera comprendre la marche de l'air autour de ces tubes, et la voie suivie par les gaz sortant du foyer.

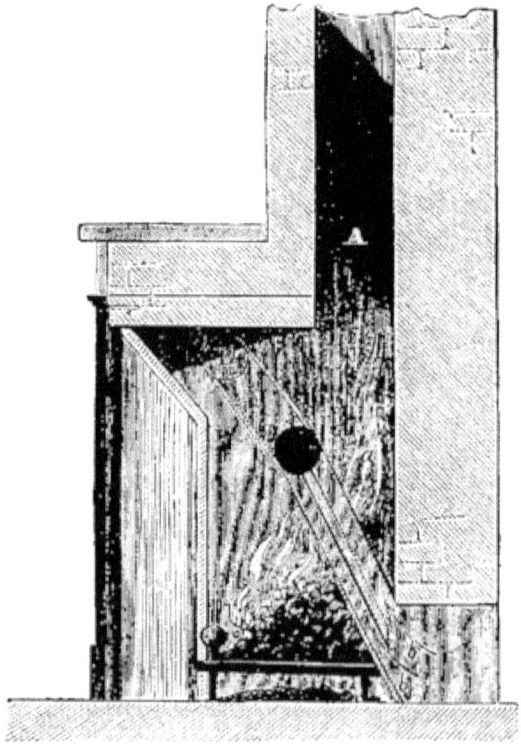

Fig. 167. — Coupe de la cheminée Fondet.

Louis Figuier

Les gaz formés dans le foyer contournent les petits tubes de fonte F, F et se rendent dans le tuyau de la cheminée A, après avoir échauffé ces tubes. Les flèches *b, b* représentent la direction de l'air à l'intérieur des tubes ; la flèche *a* montre la direction des gaz qui se rendent dans la cheminée après avoir échauffé les tubes de fonte. D est le tube d'aspiration qui va puiser l'air au dehors par la *ventouse*. Les tubes étant prismatiques et disposés en quinconce, on les débarrasse facilement de la suie avec une petite raclette ou lame de fer, que l'on introduit dans leurs interstices.

L'appareil Fondet étant maintenant tombé dans le domaine public, est à bas prix dans le commerce, et les architectes le font établir dans presque toutes les maisons nouvelles de Paris. L'économie réalisée sur le combustible, compense rapidement le prix d'achat de l'appareil.

Nous mentionnerons une autre disposition pour l'échauffement de l'air, qui était fort appréciée par Péclet,[1] car il la fit installer dans son cabinet de travail, et put juger de ses qualités par un long usage. Cet appareil peut être placé, sans modification à la maçonnerie, dans une cheminée ordinaire quelconque, La figure 168 représente cette cheminée.

Dans un ouvrage remarquable par l'originalité des vues, publié en 1869, par un homme qui a beaucoup vu et beaucoup réfléchi par lui-même, sur les questions de chauffage, dans le *Traité du chauffage, de la ventilation et de la distribution des eaux*, par M. V.-Ch. Joly,[2] nous trouvons la description d'un agencement tout particulier du sous-manteau des cheminées, qui permet de réaliser les avantages de la cheminée à tubes prismatiques de Fondet, tout en donnant une prise d'air plus large et échauffant davantage l'air dans le foyer.

Ce qui distingue la cheminée ventilatrice de M. Ch. Joly de celles qui l'ont précédée, c'est que dans ce système on fait passer la flamme et la fumée à l'intérieur des tuyaux, tandis que dans la cheminée Fondet et les systèmes analogues, la flamme et la fumée ne font qu'entourer et lécher les surfaces de ces tuyaux.

---

1 E, Péclet. *Traité de la chaleur*, t III, p. 95.

2 *Traité pratique du chauffage, de la ventilation et de la distribution des eaux dans les habitations particulières.* Paris, 1869, 1 vol. in-8.

Fig. 168. — Cheminée ventilatrice Péclet.

Une série de tubes verticaux, L, disposés en quinconce, communique d'une part avec une caisse inférieure, P, dans laquelle arrive sans cesse l'air extérieur, et d'autre part avec une boite supérieure, N, aboutissant à une bouche de chaleur, S, c'est-à-dire à une ouverture par laquelle l'air chauffé se dégage dans l'appartement. Une plaque de fonte mobile sépare le foyer des tuyaux L. On retire cette plaque pour nettoyer les tuyaux. La plaque posée en avant des tubes, force les gaz de la combustion à se recourber par-dessus cette plaque, puis à circuler autour des tubes L, jusqu'à ce qu'ils s'écoulent dans le conduit de la cheminée, par l'ouverture T, située à la partie postérieure et inférieure de tout l'appareil. L'air froid pris à l'extérieur s'échauffe en parcourant les tubes L et se dégage par la bouche, S, pratiquée au sommet de la caisse à air chaud, N. Un tablier mobile aide à allumer le feu.

Louis Figuier

Dans la cheminée de M. V.-Ch. Joly, on s'est proposé de mettre à profit le coffre, qui n'est utilisé en rien dans les systèmes ordinaires. La disposition adoptée par M. Joly, ingénieuse combinaison de celles qui ont paru jusqu'ici, réunit les avantages que présentent les feux apparents avec ceux des poêles : elle produit tout à la fois l'évacuation de l'air vicié et l'introduction d'un volume équivalent d'air nouveau à une température modérée, en même temps qu'un emploi économique du combustible.

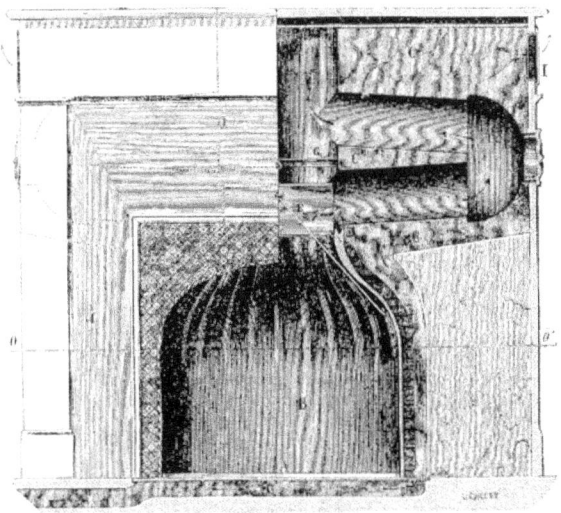

Fig. 169. — Cheminée Ch. Joly vue de face et en coupe.

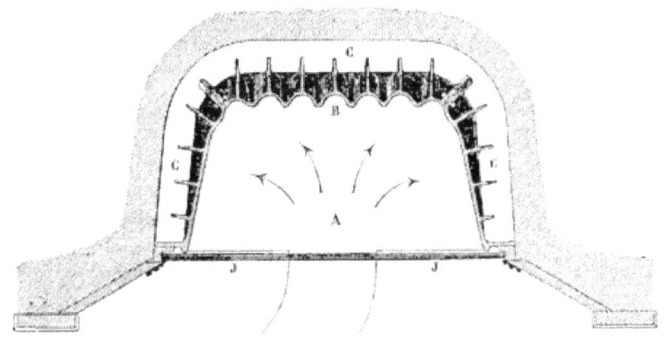

Fig. 170. — Plan de la cheminée Ch. Joly.

CHAPITRE V

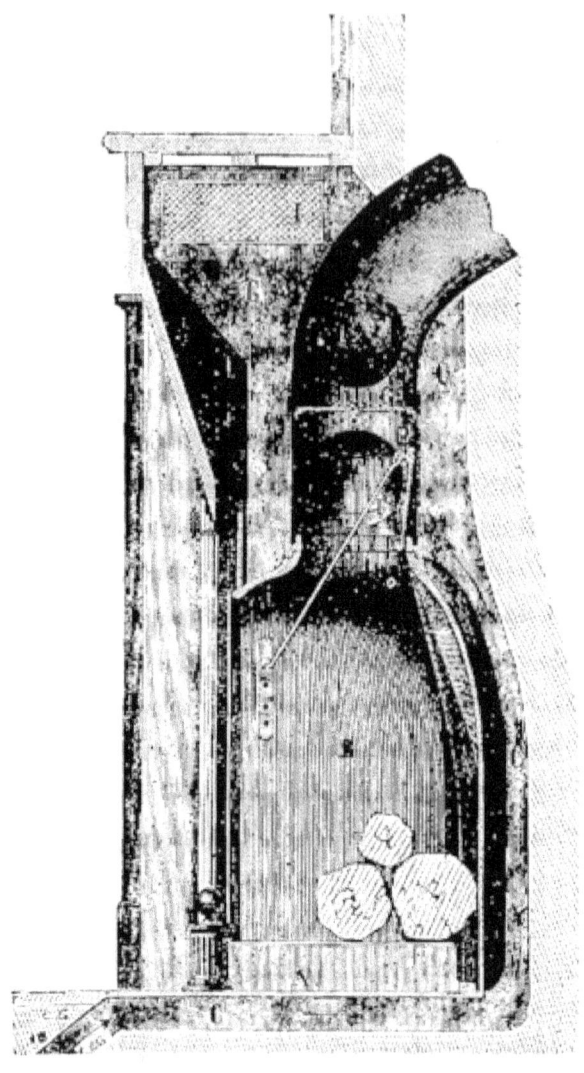

Fig. 171. — Coupe transversale de la cheminée Ch. Joly.

Cet appareil, dont les figures 169, 170, 171, donnent la coupe et les sections transversale et longitudinale, présente les dispositions suivantes.

Louis Figuier

L'air frais extérieur arrive entre les solives du plancher par le canal de la ventouse ordinaire, ménagée dans l'épaisseur des murs. Il débouche sous la plaque de l'âtre, A. Là, il s'étale en nappe, pour envelopper tout l'appareil en fonte, B, qui, exposé au contact du combustible, est muni de nombreuses nervures, destinées à augmenter, dans des proportions considérables, les surfaces de transmission du calorique. Il résulte de cette disposition que l'air neuf pouvant circuler librement dans la chambre de chaleur, C, au contact de surfaces très-multipliées, n'arrive pas desséché et carbonisé, comme dans les anciens appareils.

La forme du foyer permet l'usage du bois placé sur des chenets ordinaires, ou de la houille et du coke, si l'on ajoute une grille.

La plaque du fond qui reçoit l'action directe de la flamme, est inclinée à un angle de 12 à 15 degrés, et le haut est disposé en forme de coquille, afin de réfléchir et d'utiliser le plus possible le calorique rayonnant. Les deux angles intérieurs, qui, dans les cheminées ordinaires, laissent passer de l'air frais, lequel ralentit le tirage, sont arrondis et abaissés pour diriger tous les gaz de la combustion vers une trappe, E, laquelle est placée très-bas et bien à portée de la main. Cette trappe sert, soit à régler le tirage, soit à empêcher, en été, les courants descendants, soit enfin à boucher hermétiquement les tuyaux, en cas de feu à la cheminée. Au-dessus, se trouve une plaque, ou *chicane*, mobile, G, qui est posée simplement sur des tasseaux, pour permettre un ramonage facile. Deux tampons latéraux donnent accès aux tuyaux de tôle, terminés par un tambour, qui servent à utiliser la fumée sur un long parcours, tandis que l'air chauffé va s'échapper dans la pièce par les grilles I, placées sur les côtés de la cheminée, aussi haut que possible. Le tablier mobile ordinaire, destiné à faciliter l'allumage, est renfermé dans une boîte en tôle, et en avant de la chambre de chaleur.

Cet appareil est d'une installation facile. Il ne change en rien l'aspect extérieur de nos cheminées ; il assure la ventilation dans des conditions d'hygiène les plus favorables, puisque la prise d'air extérieur a pour effet, non-seulement de supprimer à peu près les courants d'air froid qui se dirigent des portes et des fenêtres vers le foyer, quand cette prise n'existe pas, mais encore d'envoyer dans la pièce un courant d'air pur et modérément chaud, qui s'élève

CHAPITRE V

vers le plafond avant de revenir vers le foyer, c'est-à-dire de façon à traverser et à renouveler toutes les couches d'air de la pièce en assurant une bonne ventilation. Le combustible, dont on n'utilise d'habitude que 8 à 10 pour 100 comme chauffage, se trouve ici produire, selon l'inventeur, jusqu'à 30 pour 100 d'effet utile, tout en assurant une bonne ventilation.

CHAPITRE VI

POURQUOI LES CHEMINÉES FUMENT. — ACTION DE LA NATURE ET DE LA FORME DU FOYER ET DU TUYAU. — DE LA SUIE. — DES BRANCHEMENTS. — DU VENT. — DU DÉFAUT DE VENTILATION. — DE LA PRESSION BAROMÉTRIQUE. — DE LA TEMPÉRATURE. — DE L'HUMIDITÉ. — DE L'ÉLECTRICITÉ ATMOSPHÉRIQUE. — DU SOLEIL, ETC.

Nous examinerons dans ce chapitre, les causes de la production de la fumée et le moyen de remédier à ce véritable fléau.

On dit communément qu'une cheminée *fume* quand les gaz de la combustion, l'air brûlé et chargé de vapeurs empyreumatiques, au lieu de s'écouler par l'extrémité supérieure des tuyaux, s'échappent par le bas et se répandent dans la pièce.

À la fin du siècle dernier, Franklin étudia quelques-unes des causes qui font fumer les cheminées. D'autres physiciens, parmi lesquels il faut citer Péclet, ont fait, à ce sujet, de nouvelles observations. Dans l'exposé qui va suivre, nous réunirons tous ces travaux, en y ajoutant quelques considérations qui nous sont propres.

Il faut d'abord examiner, parmi les causes de production de la fumée, celles qui sont inhérentes à la cheminée elle-même.

Si le foyer est trop avancé dans la pièce, la fumée, tendant à s'élever suivant la verticale, se répandra dans l'appartement, toutes les fois que le tirage ne sera pas suffisamment actif pour l'entraîner suivant la ligne oblique qui conduit au tuyau.

Les foyers en saillie présentent généralement ce défaut, au moment où l'on allume le feu, parce que le tirage n'est pas encore établi. Rien de semblable ne se produit quand le combustible est

Louis Figuier

bien enflammé, parce qu'il ne se dégage plus guère de fumée du foyer, et parce que les parois du tuyau restant échauffées, le tirage peut continuer longtemps encore.

On remarque souvent une abondante production de fumée au moment où l'on met sur un feu de houille une nouvelle charge de combustible. Cela tient à ce que la houille nouvellement apportée, couvre entièrement le feu, et bouche les interstices par lesquels passait l'air. Dès lors, la combustion étant un moment arrêtée, il n'entre plus dans la cheminée que de l'air froid, et le tirage diminue. Pendant ce temps, le nouveau charbon dégage une fumée abondante et épaisse, relativement peu chaude, et qui a peu de tendance à s'élever. Ces causes réunies expliquent la production de la fumée dans ce cas.

La grandeur exagérée de l'ouverture de la cheminée, surtout dans le sens de la hauteur, fait fumer les cheminées. Cela tient à ce qu'une grande quantité d'air passe dans le tuyau sans s'être échauffé par le contact du foyer, ce qui refroidit la colonne gazeuse et diminue l'activité du tirage.

Lorsque l'ouverture de la cheminée est trop grande, il faut, ou la rétrécir, ou y faire adapter un tablier mobile, qu'on baisse quand la fumée menace de se montrer.

Une agitation quelconque de l'air auprès du foyer, le passage rapide de vêtements de femme, par exemple, cause, pour un moment, des courants d'air irréguliers, qui suspendent le tirage et peuvent faire refluer la fumée dans la pièce.

Comme l'activité du tirage est en proportion de la hauteur du tuyau, une cheminée à tuyau peu élevé est toujours plus sujette à fumer que les autres.

La suie se dépose sur les parois intérieures du tuyau de la cheminée, en petites masses, qui forment de nombreuses et irrégulières saillies. Ces corps interposés sur le passage de l'air chaud, sont un obstacle au libre glissement de la colonne gazeuse, et diminuant le tirage, sont une autre cause de production de fumée.

Quand les tuyaux des cheminées sont construits en pierres, en briques lourdes, ou en autres matériaux à grande masse et conduisant mal la chaleur, les parois ne s'échauffent qu'au bout d'un temps assez long, et le tirage a de la peine à s'établir au commencement de la combustion. Les conduits de cette espèce conservent, il est vrai, longtemps la chaleur ; mais il est sans intérêt que le tirage continue alors que le foyer est éteint. Au contraire, les conduits formés de tuyaux de tôle ou de fonte, s'échauffent rapidement, et le tirage est bientôt établi. Ainsi les tuyaux métalliques combattent la fumée.

Les coudes, les inflexions, les variations de diamètre du conduit de la fumée, sont toutes choses qui diminuent la vitesse de l'écoulement de l'air chaud, et qui sont nuisibles au tirage. La résistance est d'autant plus grande dans les tuyaux obliques, qu'ils s'éloignent plus de la verticale ; cette résistance croît à peu près en proportion du sinus de l'angle d'écart.

Dans les cheminées construites avec des matériaux d'espèces différentes, il arrive presque à chaque instant de la combustion, que la colonne gazeuse parcourt des portions de conduit inégalement chaudes. Quand la colonne gazeuse arrive dans un lieu plus chaud, elle tend à se dilater. Les portions chaudes du conduit produisent donc le même effet que des rétrécissements du conduit : elles activent le tirage. Dans les parties froides au contraire, l'air se condense, augmente de poids, et le tirage diminue. De ces alternatives résultent des perturbations dans le tirage.

Bien que ces différences de température n'atteignent jamais une valeur bien grande, il convient, autant que possible, pour éviter toute perturbation, de bâtir les cheminées en matériaux d'une seule espèce.

On voit souvent de petits flots de fumée se dégager des jointures imparfaites des tuyaux des poêles. Cette action est due à ce que, par les premières fentes, l'air de la chambre se glisse dans le tuyau et diminue le tirage. Quand elle est parvenue à des fentes plus éloignées, la fumée refroidie et presque sans mouvement, cède à l'appel formé dans la pièce et pénètre dans cette pièce : le poêle fume alors par les jointures du tuyau.

Quand le tuyau d'une cheminée débouche, à grand angle, dans le conduit d'un autre foyer, disposition que l'on retrouve fréquemment dans les constructions anciennes, la cheminée est exposée à fumer. En effet, si, dans le canal vertical et rectiligne, le tirage est plus fort que dans l'autre, le courant d'air chaud bouche, pour ainsi dire, l'ouverture du second tuyau, et la fumée de ce dernier, ne trouvant pas d'écoulement, reflue dans les appartements.

La réunion de deux tuyaux dans un conduit commun, est une disposition très-vicieuse, soit que les deux foyers brûlent en même temps, soit qu'on ne fasse du feu que dans un seul. Dans le premier cas, la force des deux courants n'étant jamais parfaitement égale, l'inconvénient signalé plus haut se présente toujours dans une certaine mesure. Dans le second cas, la fumée de la cheminée en activité arrive subitement dans un espace trop grand pour elle, et s'y refroidit. Si elle conserve assez de force pour s'élever encore, elle produit un appel dans l'autre conduit, traîne après elle un fardeau inutile, et s'échappe péniblement par l'ouverture supérieure du canal commun. Si à ce point sa force ascensionnelle est épuisée, elle tombe par son propre poids dans le tuyau froid, et vient inonder l'appartement qui n'a pas de feu.

C'est pour cela qu'il arrive souvent que de la fumée arrive inopinément dans une pièce par le tuyau de la cheminée, bien qu'il n'y ait pas de feu dans cette cheminée. La fumée vient de chez le voisin.

La seule manière de remédier à ces défauts, est d'établir une séparation dans le conduit commun, pour donner à chacune des cheminées un canal qui lui soit propre.

Le vent est l'une des causes les plus fréquentes de la fumée : il agit par sa force et par sa direction.

C'est pour combattre l'effet du vent que l'on termine le sommet des cheminées par un tuyau conique comme celui que représente la figure 172. Quand il sort par un orifice ainsi rétréci, l'air du foyer atteint une vitesse d'environ 3 mètres par seconde. Mais un vent un peu fort court avec une vitesse de 5 à 40 mètres par seconde. Par conséquent, il l'emporte sur la vitesse de la fumée à sa sortie, et il bouche le tuyau, ce qui amène de la fumée dans l'appartement.

Divers appareils ont été inventés pour remédier à cet inconvénient grave.

Le plus simple se compose d'une feuille de tôle courbée (*fig.* 173), dont on tourne l'un des flancs du côté où soufflent les vents les plus fréquents et les plus forts, afin de protéger le tuyau contre ces vents. À Paris, c'est le vent du sud-ouest qui fait le plus souvent fumer les cheminées.

Fig. 172. — Rétrécissement de l'extrémité du tuyau d'une cheminée.

Fig. 173. — Capuchon de cheminée.

On rend cet appareil plus efficace, en munissant chacun des bouts ouverts d'une plaque verticale, maintenue à quelque distance pour laisser le passage à la fumée. Cette disposition est représentée par la figure 174.

Louis Figuier

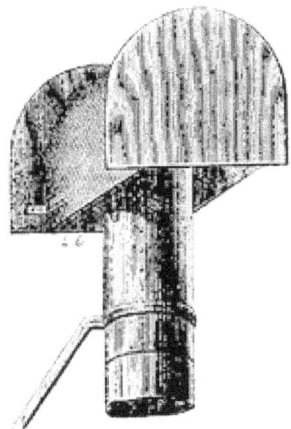

Fig. 174. — Capuchon.

La figure 175 représente une forme dérivée de la précédente, et trop simple pour avoir besoin d'explication.

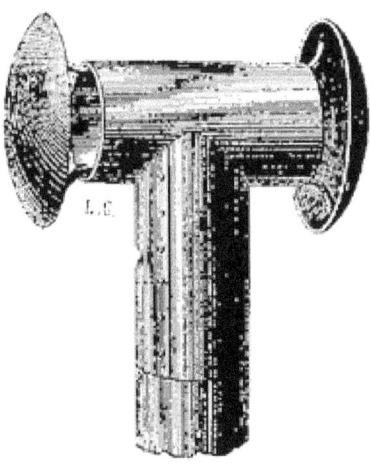

Fig. 175. — Autre capuchon de cheminée.

M. Millet a le premier eu l'idée d'une *mitre* surmontée d'une calotte. Ce capuchon est représenté en coupe par la figure 176. C

CHAPITRE VI

est le capuchon, AB la mitre.

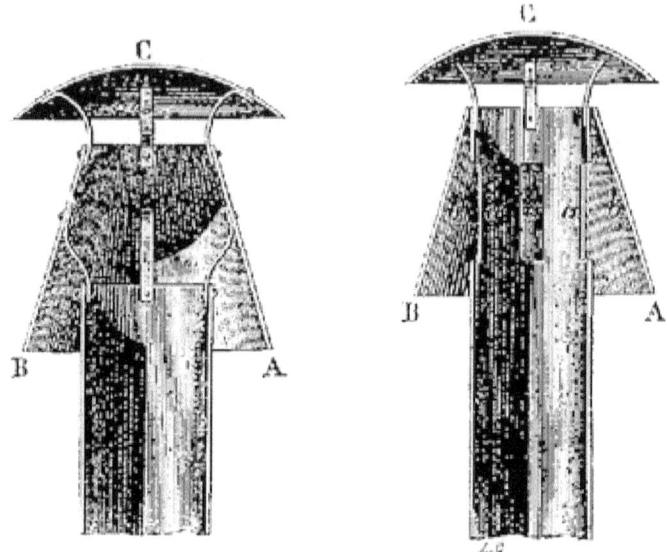

Fig. 176. — Mitre de M. Millet et Mitre à ouvertures latérales.

On a construit une *mitre* plus compliquée, qui a donné d'excellents résultats. Le sommet de la mitre est percé d'ouvertures quadrangulaires ab, qui donnent à la fumée un passage supplémentaire, dans le cas où le vent mettrait obstacle à sa sortie par l'orifice supérieur. Le tuyau est fermé à sa partie supérieure, et les ouvertures quadrangulaires, plus vastes, portent sur leurs côtés de petites ailettes formées avec la tôle incisée et repoussée.

Cette dernière mitre est très-efficace. Dans une expérience, on l'ajusta au sommet du tuyau d'un poêle dans lequel on brûlait de la paille mouillée, et l'on dirigea sur le tuyau le courant d'air très-violent d'un ventilateur à force centrifuge. Quelque direction qu'on donnât au vent, aucune portion de fumée ne reflua par la porte du poêle. Les ailettes entrent pour une grande part dans la bonté de cet appareil, à cause des remous protecteurs qui se forment sur leurs côtés.

Cependant ce système a le défaut d'obliger à de fréquents nettoyages, parce que la suie se dépose en filaments ayant la forme

Louis Figuier

de toiles d'araignées, et qui bouchent les ouvertures.

Tous ces appareils sont *fixes*, et n'ont d'autre effet que de donner au tuyau une somme d'ouvertures assez grande, dans le cas où l'orifice unique et rétréci, étant diminué par l'action du vent, deviendrait insuffisant pour l'écoulement de la fumée.

D'autres appareils sont mobiles. Ils ont pour effet de tourner l'ouverture du côté opposé au vent. Dès lors le vent active le tirage, au lieu de s'opposer à la sortie de la fumée.

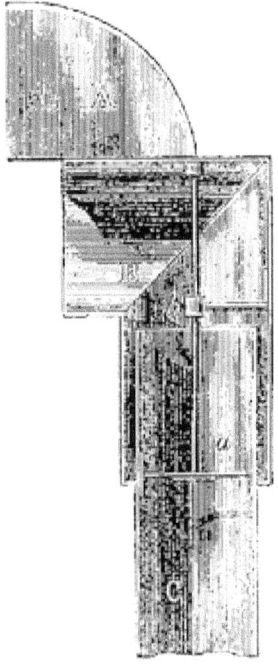

Fig. 177. — Capuchon mobile.

La figure 177 représente la disposition la plus communément employée. Un tuyau B très-court et coudé à angle droit, emboîte l'extrémité du conduit C de la cheminée. Une tringle *ab* mobile autour d'un axe vertical, et fixée au tuyau d'emboîtage, porte à son sommet une girouette, A, qui l'amène dans la direction du vent.

Nous n'en finirions pas, s'il nous fallait citer tous les appareils

CHAPITRE VI

destinés à protéger la sortie de la fumée ; nous n'avons voulu donner que les plus usités et les plus ingénieux. À ce dernier titre, nous mentionnerons encore les suivants.

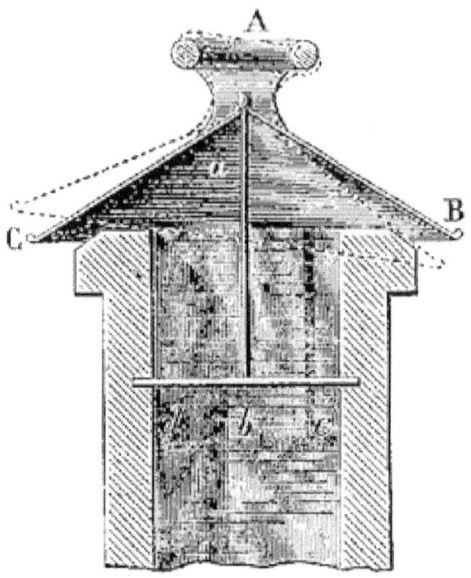

Fig. 178. — Capuchon chinois.

L'appareil représentée (*fig.* 178), appelé *chapeau chinois*, peut s'incliner dans tous les sens, et protéger la fumée contre un vent venant d'un point quelconque de l'horizon. Le chapeau CB est fait d'une feuille de tôle repliée en cône. Il est surmonté d'une masse métallique, A, en forme d'anneau, qui lui donne quelque élégance, et qui, par son poids, place le centre de gravité de l'appareil peu au-dessous du sommet du cône. Une tige de fer *ab*, mobile, formant toute la suspension, vient s'appuyer sur une tige fixe *cbd*. Elle laisse un espace libre, d'une grandeur suffisante, entre les bords du chapeau et le sommet de la cheminée suivant la ligne CB. On comprend que le vent fasse basculer ce système et que le chapeau chinois, s'inclinant suivant la ligne pointée représentée sur la figure, débouche l'ouverture de la cheminée dans le sens opposé.

Louis Figuier

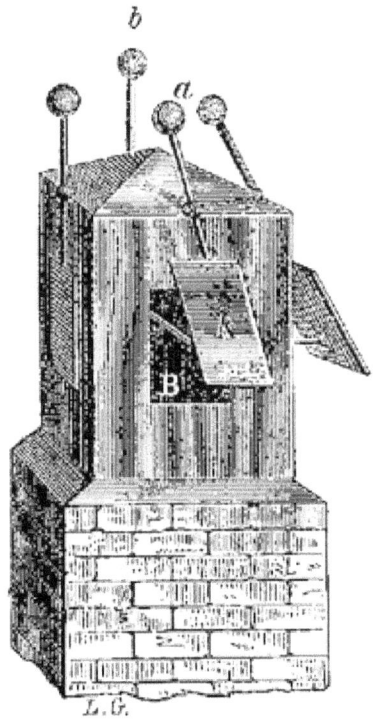

Fig. 179. — Capuchon mobile à bascule.

Dans un autre appareil représenté par la figure 179, l'extrémité supérieure de la cheminée est construite en brique et de forme quadrangulaire. Son sommet est fermé ; chacune des faces verticales est percée d'une ouverture, B, en regard de laquelle est une plaque, A, munie d'un manche, a, qui lui donne la forme d'une pelle. Au milieu du manche est une charnière horizontale, fixée à l'arête du sommet de la cheminée. Le manche se termine par une masse métallique, qui équilibre les plaques. Celles-ci sont, relevées deux à deux par des tringles de fer qui se croisent au centre du conduit. On voit sur la figure la tête b de la porte opposée à la porte A. Les deux portes opposées sont solidaires dans leur mouvement, de manière que, si le vent donne sur une face quelconque, la porte de cette face ferme l'ouverture, pousse la porte opposée et l'ouvre davantage.

CHAPITRE VI

Le vent n'est pas la seule cause de production de fumée. D'autres influences du même genre existent à l'intérieur des appartements.

Quand les portes et les fenêtres, qui doivent donner passage à l'air, appelé par le tirage, sont trop bien fermées, il se produit bientôt une sorte de vide dans la pièce. L'air ne trouvant pas, pour venir satisfaire à l'appel du foyer, d'autre chemin que le tuyau même de la cheminée, s'introduit par cette voie, et des courants descendants se forment dans le tuyau de la cheminée, parallèlement à l'air chaud qui s'élève. La rencontre de ces deux courants diminue le tirage, par le refroidissement de l'air qu'il détermine ; et comme les divers courants finissent par se mêler, l'air qui descend entraîne avec lui de la fumée dans la chambre.

Il convient donc de laisser toujours des ouvertures suffisantes à l'arrivée de l'air du dehors. Les appartements des anciennes maisons ne possèdent aucune disposition spéciale à cet effet. Mais dans les maisons nouvelles les architectes ont soin de ménager dans l'épaisseur des murs, des canaux, nommés *ventouses* qui s'ouvrent à l'extérieur, et débouchent sur la paroi interne du coffre de la cheminée. Ces *ventouses* sont garnies d'une grille de fer à leur ouverture « extérieure. Le tirage se fait par ce canal, qui aspire l'air hors de la pièce.

Cette disposition est spécialement prise pour appliquer les appareils à circulation d'air chaud, comme l'appareil Fondet ou l'appareil de M. Ch. Joly, etc. Mais elle peut servir également en l'absence de tout système d'échauffement de l'air, pour empêcher le tirage de se faire aux dépens de l'air de la pièce, et éviter ainsi les vents coulis ou la fumée, car il faut choisir entre l'un ou l'autre de ces inconvénients.

Lorsque plusieurs cheminées sont en activité dans un appartement, et que les portes de communication entre les différentes pièces, sont ouvertes, il arrive habituellement qu'une cheminée (celle dont le tirage est le plus fort) fait fumer toutes les autres. Cela tient à ce que l'appel produit par cette cheminée fait affluer l'air du dehors, par les conduits des autres cheminées, et que ce courant, descendant à l'intérieur des tuyaux, rabat la fumée. Il convient, dans ce cas, de donner à chaque foyer, au moyen d'ouvertures suffisantes, l'air nécessaire à sa combustion, au lieu, comme on le fait, de rendre les pièces indépendantes les unes des autres, en munissant les portes de bourrelets, ou en les tenant habituellement fermées.

Les cages d'escalier des grandes maisons de Paris, qui sont d'un large diamètre, et d'une hauteur considérable, produisent à l'intérieur de la maison, un tirage puissant, qui souvent agit de cette fâcheuse manière, sur les cheminées des différents appartements. Ici encore, il est prescrit de fournir à l'appel de l'escalier tout l'air qu'il demande, et de fermer les communications de cet espace avec les appartements.

Franklin nous a appris le moyen qu'il faut employer pour reconnaître les courants d'air anormaux qui peuvent se produire dans un appartement. Il faut promener dans toutes les directions, une bougie allumée. L'inclinaison de la flamme de la bougie indique le sens des courants d'air. On arrive ainsi à reconnaître la direction des courants d'air et de l'appel, plus ou moins vicieux, auquel il faut porter remède.

Plus la température est basse, et plus la combustion est vive, parce que, l'air étant condensé par le froid, un même volume d'air qui traverse le foyer contient une plus grande quantité d'oxygène.

Le tirage des cheminées devient plus actif dans les grands froids de l'hiver, pour une seconde raison : c'est qu'il y a une plus grande différence de densité entre la colonne de gaz chauds contenus dans le tuyau de la cheminée et une égale colonne d'air prise à l'extérieur.

L'intensité des foyers varie suivant la pression atmosphérique. D'où il suit que la combustion languit à mesure que la pression de l'air diminue. Dans l'une de ses ascensions au mont Blanc, où le mercure du baromètre ne s'élevait plus qu'à une hauteur de $0^{m},57$, Th. de Saussure reconnut qu'un feu de charbon de bois ne pouvait être maintenu qu'à la condition de l'alimenter continuellement par un soufflet.

L'humidité de l'air est une condition nuisible à l'activité des foyers. En effet, la transformation en vapeurs des gouttelettes d'eau, et l'élévation de cette vapeur à une haute température, causent une perte de chaleur. On reconnaît, en effet, que les foyers languissent par les temps humides.

En été, par le fait de la température, la quantité de vapeur d'eau contenue dans l'air, augmente. C'est pour cela que, dans la plupart

CHAPITRE VI

des verreries, on est obligé de suspendre le travail pendant l'été. Dans cette saison, l'air chaud et humide ne donne plus assez de chaleur pour fondre convenablement le verre.

Les cheminées fument quand un orage se prépare. C'est parce qu'alors la pression barométrique a diminué, que l'air est humide, le vent brusque, et que la température a changé.

Mais il est encore une autre cause de fumée pendant les orages, qu'il importe de signaler ici, car elle semble n'avoir été remarquée par personne. Nous voulons parler de l'état électrique général de l'air.

Un peu avant le commencement de l'orage, avant les premières gouttes de pluie et les premiers coups de tonnerre, tout le monde a pu voir qu'une quantité considérable d'une fine poussière flotte dans l'air, poussière beaucoup plus forte qu'elle ne le serait à un autre moment, par un vent de même force. C'est que tous ces petits corps sont électrisés de la même manière, que, par conséquent, ils se repoussent, et s'élèvent en tourbillons à une grande hauteur, et que là ils se divisent et se répandent à l'infini. Dès les premières gouttes de pluie, la tension électrique cesse, et la poussière disparaît. Or, entre les molécules de la fumée, les mêmes effets de répulsion mutuelle se produisent, augmentés encore par la siccité de l'air par le foyer. Les flocons de fumée s'éparpillent donc au lieu de se réunir pour traverser la gorge de la cheminée, et se répandent ainsi dans la pièce.

Pourquoi le soleil fait-il fumer les cheminées ? C'est qu'il produit des courants d'air de deux espèces, qu'il importe de bien distinguer.

L'air chauffé au contact du toit frappé par le soleil, s'élève le long des tuyaux, qui sont plus chauds encore, et forme un courant ascendant, qui se réfléchit, sous les calottes ou les feuilles de tôle courbées formant le capuchon de la cheminée, et refoule la fumée dans le conduit. Mais là n'est pas l'action la plus énergique du soleil. Vers le milieu du jour, les faces des maisons tournées au midi, sont suffisamment chaudes pour qu'un large et puissant courant d'air ascendant se produise, qui fait appel sur toutes les ouvertures de la façade, surtout sur les fenêtres des étages supérieurs. Les joints de ces fenêtres ne fournissent plus aux foyers la même quantité d'air, et le tirage se fait péniblement. Si la fenêtre est ouverte, il pourra même arriver que de l'air descende par la cheminée pour satisfaire à l'appel du dehors, et provoque par conséquent encore plus de fumée.

Telles sont à peu près toutes les causes, d'une efficacité suffisamment prouvée, auxquelles on peut attribuer la production de la fumée, et en général, le mauvais fonctionnement des cheminées d'appartements.

CHAPITRE VII

POÊLES. — LEUR HISTOIRE ET LEUR ORIGINE. — LE POÊLE ALLEMAND. — AVANTAGES ET INCONVÉNIENTS DES POÊLES. — DÉFAUT DE VENTILATION ET DESSÈCHEMENT DE L'AIR. — DANGER DES POÊLES DE FONTE POUR LA SANTÉ. — EXPÉRIENCE DE M. LE DOCTEUR CARRET DE CHAMBÉRY. — RAPPORT DE M. LE GÉNÉRAL MORIN À L'ACADÉMIE DES SCIENCES.

Si la cheminée est le système de chauffage que rien ne pourra remplacer chez les riches, le poêle est, au contraire, à cause de l'économie de son installation et de son énorme rendement calorifique, le partage de la classe peu aisée.

Un poêle[1] est une enveloppe réfractaire quelconque, contenant un combustible, et destinée à transmettre à l'appartement la chaleur produite, tant par le rayonnement des parois, que par le contact de ces mêmes parois avec l'air ambiant.

Le poêle est une invention allemande. La date de sa découverte est assez récente, car c'est en 1619, ainsi que nous l'avons déjà dit, que l'on trouve cet appareil, déjà admirablement perfectionné, décrit dans l'ouvrage de Keslar.

Si l'on se demande comment les peuples du Nord arrivèrent à la construction du poêle, appareil qui fut totalement ignoré des anciens, on peut faire la conjecture suivante. Dans les premiers temps du Moyen âge, à l'époque où les Saxons eurent l'idée de

---

1 Ce mot à été écrit dans la langue française, avec différentes orthographes. On écrivit d'abord *pousel*, puis successivement, *pouele, pouesle, poesle*, poêle. La forme actuelle du mot ne sera peut-être pas la dernière, car déjà le Dictionnaire de l'Académie permet d'écrire poile.

pousser contre l'un des murs le foyer qui occupait jadis le milieu de leurs cabanes, et de constituer ainsi la première cheminée, les Germains, qui habitaient un pays froid, et brûlaient beaucoup de bois, emprunté à leurs vastes forêts, durent bientôt avoir l'idée de recouvrir le foyer d'une espèce de calotte, surmontée d'un tuyau, pour conduire au dehors la fumée.

Tel fut le premier poêle dont Alberti, en 1533, a donné la description. Plus tard on enveloppa ce foyer de briques, et l'on augmenta considérablement la longueur du tuyau. Ces perfectionnements durent se faire très-vite, car on trouve dans l'ouvrage de Keslar, écrit au xvie siècle, la description du poêle allemand absolument tel qu'il existe de nos jours.

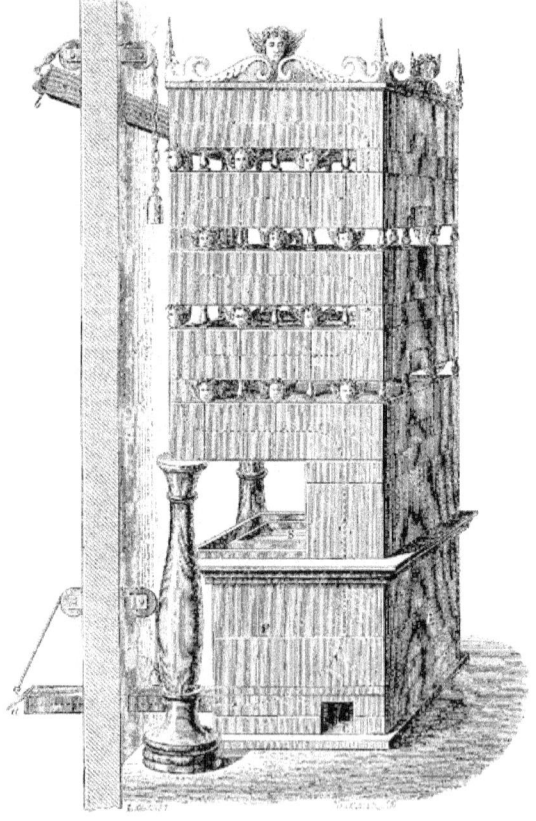

Fig. 180. — Poêle allemand de Keslar.

La figure 180 est la copie exacte de la planche 12 du livre de Keslar, qui représente le poêle allemand, ou *Espargne-bois*. Le poêle est représenté au milieu de la pièce à chauffer et assez éloigné du mur, dont une coupe, AB, est figurée sur la gravure. D est la prise d'air extérieur ; E est l'extrémité du tuyau qui sert au dégagement des produits de la combustion. Chacune de ces ouvertures est munie d'un opercule que l'on peut manœuvrer de l'extérieur, à l'aide de petites tringles ; *a* est l'opercule qui diminue ou augmente à volonté l'entrée de l'air, *b* celui qui opère de la même façon sur sa sortie. Tout l'appareil est en briques ou en poterie ; C, est le cendrier, P la partie où s'opère la combustion ; en S sont deux bassins destinés à recevoir les corps que l'on veut tenir chauds, ou bien de l'eau pour rendre à l'atmosphère la vapeur d'eau nécessaire. Les produits de la combustion suivent le trajet indiqué par les flèches. L'appareil peut se nettoyer à l'aide d'un racloir, que l'on fait entrer par les petites portes *c, d, e*, représentées sur la paroi latérale du poêle.

Les poêles, qui étaient communs en Allemagne au XVIIe siècle, et qui, dans ce pays, avaient déjà atteint une véritable perfection, étaient, au contraire, ignorés en France, à la même époque. C'est ce que prouve le passage suivant du livre de l'architecte Savot, qui mentionne en même temps, une détestable habitude, malheureusement conservée jusqu'à nos jours.

« Ils font en Suède, dit Savot, de petites cheminées rondes dans le coin de la chambre où ils brûlent du bois : et ils *bouchent le haut du tuyau* dans la hotte, *lorsque le bois est tout consumé*, en sorte qu'il ne fasse plus de fumée ni même de vapeur, et cela conserve une chaleur fort longtemps. »

Dans ce passage il s'agit bien certainement de poêles. Les lignes qui suivent nous fixent sur l'époque ou parurent les appareils mixtes, dits *cheminées-poêles*.

« L'on commence à voir à Paris de petites cheminées à l'anglaise pour des cabinets. Elles sont faites en plaques de tôle ou fer fondu, tant pour l'âtre et le contrecœur que pour les côtés des jambages.[1] »

Les poêles actuels de l'Allemagne et de la Russie diffèrent peu du modèle que nous avons emprunté au livre de Keslar.

1 *Architecture française des bâtiments particuliers composée par M. Louis Savot, avec notes de Blondel* ; Paris. MDCLXXV, in-8 (page 140). La première édition de cet ouvrage parut en 1624.

CHAPITRE VII

En Suède, en Russie et dans une grande partie de l'Allemagne, les poêles sont construits en terre cuite, préalablement épurée, ou en briques réfractaires. Ils sont énormes, et leurs parois, très-épaisses, sont encore recouvertes à l'extérieur d'une couche de terre. La fumée y circule par un grand nombre de conduits verticaux, et se refroidit presque entièrement avant de s'échapper au dehors. La masse conserve fort longtemps la chaleur du combustible. En temps ordinaire, on se contente d'allumer le feu une fois dans la journée.

Dans le centre de la Russie, chaque maison a une pièce particulière appelée le *poêle*. Ce monstrueux appareil y cache entièrement le plancher, ou plutôt celui-ci n'est autre chose que la face supérieure du poêle. C'est dans cette chambre que les habitants passent tout l'hiver. Dans une autre salle se trouvent la bouche et le conduit de dégagement de la fumée. Descartes dit dans une de ses lettres datées de la Hollande, qu'il passa tout un hiver « dans un *poêle*. » Les écrivains peu au fait des habitudes de l'Allemagne et du mode de construction de leurs appareils de chauffage, ont eu quelque peine à comprendre ce passage de l'illustre philosophe.

Les poêles construits selon l'usage allemand et russe, ne sont point nécessaires en France, où le climat est assez doux. Le célèbre Guyton de Morveau commit pourtant l'erreur de vouloir importer chez nous le poêle suédois, et l'erreur, plus grande encore, de tenter son perfectionnement par l'addition de plaques de fer destinées à transmettre à l'air la chaleur du foyer. Tredgold le lui reproche avec raison. Il serait superflu d'ajouter que cette innovation n'obtint aucun succès.

Le poêle, tel qu'il est construit en France, c'est-à-dire composé d'une enveloppe métallique ou en porcelaine et muni d'un tuyau de tôle, constitue le moyen de chauffage le plus économique, car il utilise 85 à 90 pour 100 de la chaleur dégagée, c'est-à-dire sept à huit fois plus que la cheminée ordinaire. Mais il est aussi, de tous les moyens de chauffage, le moins salubre. C'est ce que nous allons établir en examinant les défauts nombreux que ces appareils présentent.

Ces défauts peuvent se résumer ainsi :

1° Les poêles ne ventilent point les pièces.

Louis Figuier

2° Ils dessèchent l'air, au détriment de la santé.

3° Quand ils sont formés de substances métalliques et surtout de fonte, ils sont insalubres, parce qu'ils déversent dans l'air un gaz éminemment toxique, l'oxyde de carbone.

Justifions ces diverses propositions.

L'enveloppe de nos poêles ordinaires ne présente que deux ouvertures : l'une pour l'introduction du combustible, l'autre pour la sortie de la fumée. Ces deux ouvertures sont fort étroites, relativement aux ouvertures qui leur correspondent dans les cheminées communes.

M. le général Morin[1] évalue à 5 mètres cubes par kilogramme de bois brûlé, la quantité d'air qui traverse le poêle, et qui s'échappe par le conduit de la fumée. Ce même volume d'air n'est que de 6 ou 7 mètres cubes par kilogramme de houille, et il varie de 10 à 12 mètres cubes par kilogramme de coke, même avec un feu très-actif.

En tenant compte de la quantité moyenne de chaleur qu'il faut produire dans un local de grandeur déterminée, on trouve que l'air entier d'une pièce ne sera renouvelé qu'une fois en dix heures. L'évacuation d'air produite par une cheminée est cinquante fois plus considérable.

La ventilation que donnent les poêles dans les appartements est donc tout à fait insuffisante, et le séjour dans un lieu ainsi chauffé est nuisible à la santé, comme tout séjour prolongé dans une atmosphère confinée.

Précisément à cause du faible volume d'air qui traverse leur foyer, les poêles, avons-nous dit, utilisent jusqu'à 85 et 90 pour 100 de la chaleur totale fournie par le combustible. La plus grande portion de cette chaleur est transmise directement à l'air par contact avec les parois du poêle ou du tuyau. L'air chaud va occuper les parties supérieures de la pièce ; l'air froid du dehors, au contraire, appelé pour remplacer le volume gazeux qu'emporte le tirage, s'étale sur le plancher ; de telle sorte qu'un homme debout peut avoir la tête et les pieds dans des couches d'air dont la température diffère de 6 à 8 degrés. Cet état de choses est non-seulement désagréable, mais encore mauvais pour la santé, puisqu'il est prescrit par la Faculté

---

1 *Manuel pratique du chauffage et de la ventilation.* 1 vol. in-8. Paris, 1868.

d'avoir les pieds chauds et la tête fraîche, et que c'est ici précisément le contraire qui a lieu.

Dans une pièce chauffée par un feu de cheminée, on n'arrive jamais à noter une pareille différence de température entre les couches d'air de diverses hauteurs, parce que toute la chaleur du foyer est transmise par rayonnement, et que ce rayonnement s'exerce également dans tous les sens. L'air s'échauffe ensuite par contact avec les corps solides, qui forment la masse de la cheminée, mais cette action est si faible, et le renouvellement de l'air si rapide, qu'il n'en peut rien résulter de fâcheux.

Les poêles ont, en outre, l'inconvénient de dessécher l'air, de verser dans la pièce de l'air entièrement dépourvu de vapeur d'eau. Développons cette dernière proposition.

L'atmosphère tient toujours en suspension une certaine quantité de vapeur d'eau, qui est nécessaire à nos organes, puisqu'ils y sont habitués, et qui est variable sous l'influence de plusieurs causes, parmi lesquelles nous ne mentionnerons que la température. L'air dissout des proportions d'eau de plus en plus considérables, à mesure que sa température s'élève ; en été l'air est beaucoup plus *aqueux* qu'en hiver. Nous disons *aqueux*, et non pas *humide*. L'*humidité*, c'est la vapeur d'eau rendue apparente, sensible ; elle se montre lorsque l'air est saturé de vapeur d'eau, et que cette eau se dépose en gouttelettes ou particules liquides. En hiver, le point de saturation de l'eau est facilement atteint, et souvent dépassé ; l'air laisse déposer à l'état liquide l'eau qu'il renfermait à l'état de vapeur, et voilà pourquoi l'on dit que l'hiver est humide. En été, comme le point de saturation de l'air par la vapeur d'eau est beaucoup plus élevé, ce point n'est presque jamais atteint. L'air est donc très-*aqueux*, mais il n'est pas *humide*. L'air chaud peut renfermer beaucoup d'eau en vapeur, puisque c'est en absorbant cette vapeur que l'air chaud sèche les corps mouillés.

Quand l'air d'une pièce dans laquelle on séjourne, est privé de la vapeur d'eau qu'il renferme naturellement et qui est nécessaire à notre santé, il tend à s'emparer de toute l'eau des corps qu'il touche. Respirée, cette atmosphère aride sèche nos membranes muqueuses, et les irrite en les forçant de sécréter davantage. De là, l'aggravation, par suite de l'inspiration d'un air trop sec, des maladies des voies respiratoires déjà existantes, et chez les individus sains, la tendance à provoquer ces mêmes maladies.

Depuis longtemps, dans certains pays, le bon sens pratique a jugé cette question. En 1823, l'ingénieur anglais Tredgold écrivait ce qui suit :

« On a nouvellement introduit en Angleterre une espèce de poêle sur lequel on place un vase rempli d'eau, afin de saturer l'air de vapeurs, et M. Murray a remarqué que dans les Apennins les Italiens placent un vaisseau de terre rempli d'eau sur leur poêle. Comme il s'informait de la raison de cet usage, on l'assura que, sans cette précaution, on serait exposé aux maux de tête et à d'autres maux, tandis qu'elle suffit pour garantir de tout inconvénient.[1]»

Ainsi, la coutume de placer sur les poêles un bassin d'eau, qui rende à l'air, par l'évaporation du liquide chauffé, la vapeur d'eau qui lui manque, est une pratique excellente, et que l'on ne saurait trop recommander. Les habitudes populaires ont, d'ailleurs, devancé les recommandations de la science dans l'adoption de cette mesure, éminemment hygiénique. Dans le poêle allemand de Keslar (*fig.* 180), que nous avons déjà décrit, le bassin d'eau est représenté en S.

Les poêles, quand ils sont composés d'une substance métallique, c'est-à-dire de fonte ou de fer, tels que les poêles des corps-de-garde, d'atelier, etc., présentent un autre inconvénient sur lequel on a beaucoup discuté et écrit dans ces derniers temps. D'après des expériences faites, pour la première fois, par un médecin de Chambéry, le docteur Carret, et répétées ensuite au Conservatoire des arts et métiers de Paris, à l'École normale, etc., il est prouvé qu'une surface de fonte ou de fer répand dans l'air une certaine proportion de gaz oxyde de carbone, qui cause une céphalalgie tenace et une dyspnée des plus pénibles.

Comme les faits sur lesquels ces propositions reposent ont beaucoup occupé récemment l'attention publique, nous en donnerons un exposé détaillé.

C'est en 1865 que M. le docteur Carret, chirurgien de l'hôtel-Dieu de Chambéry, appela pour la première fois sur ce sujet l'attention de l'Académie des sciences de Paris et celle du public. À cette époque, M. Carret rédigea un mémoire sur une épidémie

---

1 *Encyclopédie philosophique*, vol. LXVIII, p. 387.

qui s'était manifestée en diverses localités du département de la Haute-Savoie, épidémie que l'auteur attribuait à l'emploi des poêles en fonte.

La communication adressée en 1865 à l'Académie des sciences, par le docteur Carret, y fut assez mal accueillie. On ne s'expliquait pas comment un poêle de fonte pouvait, plus qu'un poêle de toute autre matière, occasionner des accidents. M. Regnault combattit l'opinion de l'auteur, en affirmant que le défaut de ventilation des pièces était la seule cause des accidents occasionnés par les poêles. On laissa donc tomber, sans s'en occuper davantage, la question soulevée par le médecin de Chambéry.

Cependant l'auteur ne se tint pas pour battu. Il continua ses observations, et adressa au Ministre de l'agriculture et du commerce, un second mémoire, qui fut soumis par le Ministre, à l'examen du Comité consultatif d'hygiène publique.

Dans ce nouveau mémoire, M. Carret signalait la véritable cause du mal, qu'une observation plus attentive lui avait permis de saisir. Selon M. Carret, le gaz oxyde de carbone a la propriété de passer à travers la fonte échauffée, de transpirer, pour ainsi dire, à travers les pores de ce métal.

Cette explication paraissait à l'auteur devoir rendre compte de tout ce qui avait été observé jusque-là. Si les poêles en fonte sont nuisibles à la santé, c'est que la fonte, disait M. Carret, est perméable au gaz oxyde de carbone, et que l'oxyde de carbone est une substance vénéneuse au plus haut degré. L'inspiration de l'air contenant quelques millièmes de ce gaz suffit à provoquer des accidents qui deviennent mortels si la proportion du gaz oxyde de carbone est plus considérable.

Dans ce nouveau travail, M. Carret rappelait les observations qu'il avait faites dans le département de la Haute-Savoie, relativement aux effets pernicieux des poêles en fonte. Nous les résumerons en peu de mots.

C'est dans l'hiver de 1860 que se déclara, pour la première fois, cette singulière épidémie. Elle fut observée pendant plusieurs hivers consécutifs, à partir de 1860, et jamais pendant l'été, c'est-à-dire pendant la saison où les appareils de chauffage sont supprimés. Elle ne se manifestait que chez les personnes faisant usage de poêles de fonte, et jamais dans les maisons où l'on avait recours à un autre système de chauffage, comme les cheminées, les calorifères et les poêles de faïence.

M. Carret cite un village de l'arrondissement de Chambéry, d'une population de 1 400 habitants, où l'on constata 80 malades et 29 décès. Dès que les malades étaient soustraits à l'influence pernicieuse dont il s'agit, dès qu'ils étaient transportés dans un hôpital, par exemple, tout symptôme fâcheux disparaissait.

Jusqu'en 1860, le lycée de Chambéry n'avait compté presque aucun malade dans sa population scolaire. Tout à coup l'épidémie s'y manifesta et un grand nombre d'élèves entrèrent à l'infirmerie. C'est qu'en 1860 le collège, étant devenu lycée impérial, avait remplacé son antique mode de chauffage au moyen des cheminées, par des poêles en fonte. Là était la cause du mal. Les poêles de fonte ayant été supprimés, sur l'indication du docteur Carret, et remplacés par des poêles de faïence, tout rentra dans l'ordre.

M. Carret cite l'observation, très-curieuse, d'un homme qui exerçait la profession de tailleur, et qui passait par des alternatives de maladie et de santé, selon qu'il se tenait dans une pièce chauffée par un poêle de fonte, ou dans une pièce chauffée par une cheminée. Cet individu, restant indocile à tout avertissement et persistant à conserver son poêle de fonte, finit par mourir d'une congestion cérébrale.

M. Carret voulut contrôler, par une observation faite sur lui-même, la relation qu'il avait saisie entre la maladie épidémique qui sévissait dans la Haute-Savoie et le genre de chauffage si généralement usité dans ce pays. Il s'enferma dans une chambre fortement chauffée par un poêle de fonte, et ne tarda pas à éprouver les mêmes phénomènes qu'il constatait chez ses malades, à savoir : chaleur à la tête, battements des artères temporales, nausées, manque d'appétit, céphalalgie, etc., le tout après une demi-heure seulement de séjour dans la pièce ainsi chauffée. Le lendemain, il s'enferma pendant deux heures dans la même chambre, chauffée par un poêle non en fonte, mais en tôle de fer, et il n'éprouva aucune sensation pénible.

Après avoir fait cette expérience sur lui-même, le docteur Carret chercha et trouva une vingtaine de personnes assez dévouées à la science pour la répéter avec lui. Ces vingt personnes demeurèrent un certain temps dans une chambre chauffée par un poêle de tôle, sans ressentir le moindre malaise. Mais ce fut autre chose quand on remplaça le poêle de fer par le poêle de fonte. Les quatorze personnes qui s'étaient dévouées à cette expérience désagréable, furent toutes malades au bout de quelques minutes, et s'empressèrent d'aller chercher un air pur en dehors. Le plus courageux des expérimentateurs étant demeuré seul, ne put supporter le séjour de la chambre de torture plus de dix minutes. Au bout de ce temps, notre héros fut forcé de quitter en toute hâte le théâtre de l'expérience.

M. Carret termina cette série d'épreuves concluantes par des expériences sur les animaux. Dans une pièce chauffée par un poêle de fonte, il enferma un lapin, un pigeon et un serin. Au bout d'une demi-heure, le lapin et le pigeon tombèrent sur le flanc ; ils ne se ranimèrent qu'à grand'peine lorsqu'on les porta à l'air libre. Quant au serin, il était mort de congestion cérébrale. Un malheureux rat, qui se trouvait égaré dans la chambre, périt, après plusieurs heures d'agitation.

Il résulte de l'ensemble des faits recueillis par le médecin de Chambéry, que c'est bien à l'usage des poêles de fonte qu'il faut attribuer la maladie épidémique observée en Savoie. De là résulte aussi, nous n'avons pas besoin de le dire, la démonstration des dangers qui s'attachent, en général, à l'usage de ce genre de poêles.

Pour admettre le passage de l'oxyde de carbone à travers la fonte, M. Carret s'appuie surtout sur des expériences faites, en 1863, par MM. Sainte-Claire-Deville et Troost. Ces physiciens ont constaté que certains métaux portés à une température élevée, deviennent perméables à quelques gaz. D'après MM. Sainte-Claire-Deville et Troost, les tubes de fonte chauffés se laissent traverser par l'air atmosphérique, si bien qu'il est impossible de les conserver tenant le vide. Un physicien anglais, M. Graham, est allé plus loin. Il a reconnu que la fonte absorbe, par une attraction particulière, et condense, des quantités considérables d'oxyde de carbone, et que le fer rouge peut absorber plusieurs fois son volume de gaz hydrogène.

Les expériences de MM. Sainte-Claire-Deville et Troost, pas plus que celles de M. Graham, n'avaient été entreprises à l'occasion des faits signalés par le médecin de Chambéry ; elles se rattachaient à des recherches de science pure. M. Sainte-Claire-Deville voulut faire une expérience directe, applicable au cas controversé. Il s'occupa donc, de concert avec M. Troost, de vérifier le phénomène de la filtration de l'oxyde de carbone à travers les parois de la fonte.

MM. Sainte-Claire-Deville et Troost se servirent d'un poêle de corps de garde, et cherchèrent si cet appareil, chauffé à une haute température, était traversé par le gaz oxyde de carbone et l'acide carbonique résultant de sa combustion.

Un petit instrument imaginé en Angleterre, en 1866, pour reconnaître la présence du gaz oxyde de carbone dans l'air des galeries de mines de houille, leur fut d'un grand secours. Cet instrument consiste en une sorte de boîte à parois de brique, parois qui ont la propriété de se laisser traverser par l'oxyde de carbone.[1] Par une sorte d'affinité physique élective, le gaz oxyde de carbone se réunit à l'intérieur de cette capacité, et s'y accumule au point d'y acquérir une pression plus forte que celle de l'atmosphère. L'augmentation de pression survenue à l'intérieur de cette capacité, est traduite et accusée au dehors par un petit ressort. Ce ressort fait agir une sonnerie, qui décèle, par son tintement, l'existence du gaz oxyde de carbone dans l'air des galeries.

En se servant de cet appareil révélateur MM. Sainte-Claire-Deville et Troost constatèrent qu'un poêle de fonte chauffé au rouge laisse exhaler dans la pièce du gaz oxyde de carbone. Ils déterminèrent même les proportions d'oxyde de carbone qui traversent une surface donnée de poêle de fonte.

« Le poêle que nous avons employé, disent MM, Sainte-Claire-Deville et Troost, d'une forme analogue à celle des poêles de corps de garde, se compose d'un cylindre qui communique avec l'extérieur par deux ouvertures : l'une, latérale, permet l'arrivée de l'air sous la grille ; l'autre, située à la partie supérieure, aboutit au tuyau de tirage. C'est par cette dernière ouverture que l'on introduisait le combustible, coke, houille ou bois, qui est reçu sur une grille placée au-dessus de l'ouverture latérale.

---

1 Voir la description de cet instrument dans notre *Année scientifique et industrielle*, 12ᵉ année, page 432.

« Le poêle a été successivement porté aux différentes températures entre le rouge sombre et le rouge vif. Il est entouré d'une enveloppe en fonte qui, reposant dans des rainures ménagées en haut et en bas du poêle, forme autour de lui une chambre qui ne communique avec l'air extérieur que par les interstices restés dans les ramures entre l'enveloppe et le cylindre extérieur.

« Pour étudier la nature des gaz qui pouvaient passer du poêle proprement dit dans la chambre, nous avons employé les dispositions suivantes : Les gaz puisés dans cette chambre-enveloppe sont appelés par un compteur placé à la suite des appareils d'absorption ; ils se dépouillent d'abord de l'acide carbonique et de la vapeur d'eau qu'ils contiennent en traversant des tubes en U remplis de ponce imbibée d'acide sulfurique concentré ou de potasse caustique. Quand ils ont été ainsi purifiés, ils arrivent sur de l'oxyde de cuivre chauffé au rouge. L'hydrogène et l'oxyde de carbone s'y changent en vapeur d'eau et en acide carbonique. Pour doser ces substances, on les fait passer dans des tubes tarés, contenant ; les premiers, de la ponce imbibée d'acide sulfurique concentré ; les seconds, de la potasse liquide et en fragments ou de la baryte. Les gaz se rendent ensuite au compteur, qui les aspire pour les rejeter dans l'atmosphère. »

On fit des expériences d'une durée variable (de 6 à 27 heures). Nous citerons seulement le résultat de la première expérience, qui dura six heures.

Sur 90 litres d'air inspiré, on recueillit $1^{lit},072$ d'hydrogène, et $0^{lit},710$ d'oxyde de carbone avec une certaine quantité d'acide carbonique.

« L'oxyde de carbone absorbé dans notre poêle par la surface intérieure de la paroi de fonte, disent MM. Sainte-Claire-Deville et Troost, se diffuse à l'extérieur dans l'atmosphère, et l'effet se produit d'une manière continue : de là ce malaise que l'on ressent dans les salles chauffées soit à l'aide de poêles de fonte, soit par l'air chauffé au contact de plaques portées au rouge. »

Nous ajouterons qu'au mois de janvier 1868, M. Sainte-Claire-Deville ayant fait installer deux de ces petits instruments si commodes pour constater la présence de l'oxyde de carbone, près des deux poêles de fonte qui chauffent la salle du cours de chimie de la Sorbonne, ces poêles étaient allumés depuis dix minutes à peine lorsque la sonnerie électrique se mit à retentir, indiquant ainsi la présence de l'oxyde de carbone dans l'atmosphère.

Tous ces faits parurent si singuliers que l'Académie des sciences voulut recevoir un rapport sur cette question. Avec un zèle et un empressement très-louables, M. le général Morin, dans la séance suivante, c'est-à-dire le 3 février 1868, donna lecture du rapport de la commission nommée pour l'examen du mémoire de M. Carret.

Ce rapport, entièrement favorable aux idées du médecin de Chambéry, développait longuement les faits que nous avons résumés plus haut : l'épidémie observée en Savoie, les expériences faites au lycée de Chambéry, celles de M. Carret sur lui-même et sur plusieurs personnes de bonne volonté, enfin celles qui avaient été faites sur les animaux.

Le rapport de M. le général Morin n'obtint pourtant pas les suffrages de l'Académie. On trouva qu'il reflétait avec trop de fidélité les vues de l'auteur.

M. Bussy, quoique membre de la commission, déclara qu'il serait imprudent de se porter garant de tous les faits avancés par M. Carret, et que certaines de ses conclusions lui paraissaient exagérées au point de vue médical.

M. Regnault se posa en contradicteur absolu de l'opinion qui adopte la porosité de la fonte. M. Regnault fait usage, depuis plusieurs aimées, pour ses expériences, de manomètres à mercure composés de tubes en fonte. Ces manomètres supportent des pressions énormes, et jamais M. Regnault n'a vu la fonte laisser passer aucune trace de gaz. M. Regnault croit donc qu'il y a beaucoup d'exagération dans les faits annoncés par M. Carret. Il attribue les effets pernicieux des poêles de fonte à d'autres causes : à une ventilation insuffisante et à la destruction, par la plaque de fer rougie, des poussières et parties organiques qui flottent dans l'air, et qui, venant se brûler sur cette surface incandescente, répandent dans l'air de l'oxyde de carbone et de l'acide carbonique. Mais si l'on s'arrange de manière à obvier à ces deux inconvénients, c'est-à-dire si l'on entretient dans une pièce chauffée par un poêle de fonte, une bonne ventilation, et que l'on entoure le poêle, à une certaine distance, d'une feuille de tôle qui empêche le contact avec la surface rougie des poussières organiques flottant dans l'aire du poêle, on n'observe aucun effet fâcheux. C'est ainsi que sont disposés les poêles de fonte qui chauffent, à une très-haute température, les ateliers de séchage de la manufacture de porcelaine de Sèvres, et jamais aucun des ouvriers occupés dans ces salles n'a accusé le moindre malaise.

M. Combes fit remarquer qu'avant de jeter de la défaveur sur un appareil de chauffage d'un usage universel, il faudrait posséder des observations et des expériences directes, faites par la commission elle-même, et qui permettraient de savoir exactement si le gaz oxyde de carbone traverse ou non la substance d'un poêle de fonte.

Cette dernière opinion rallia tous les avis. L'Académie décida que le rapport rédigé par le général Morin serait renvoyé à la commission, avec prière d'entreprendre des expériences spéciales sur le phénomène de la perméabilité des poêles de fonte par les gaz provenant de la combustion du charbon.

Le nouveau rapport demandé fut présenté à l'Académie des sciences par M. le général Morin dans la séance du 3 mai 1869. Dans ce travail, M. le général Morin confirme ses premières assertions, non en se retranchant derrière les observations du médecin de Chambéry, mais en invoquant des faits précis, des expériences personnelles, qui mettent tout à fait hors de doute le fait de l'altération chimique de l'air par les poêles de fonte ou de fer.

Les reproches que M. le général Morin adresse aux poêles de fonte, portent à la fois sur leurs effets chimiques, physiques et physiologiques.

En ce qui concerne le premier point, M. le général Morin rappelle et confirme par une nouvelle expérience, ce que MM. Sainte-Claire-Deville et Troost avaient déjà établi. Les poêles de fonte, par la rapidité avec laquelle ils s'échauffent et atteignent la température rouge, ont le défaut d'élever considérablement la température de l'air, à une certaine distance de leur surface. M. Morin a constaté des excédants de 15 à 16 degrés sur la température extérieure, en se plaçant à un demi-mètre de distance d'un poêle de fonte, quand ce poêle n'était pas rouge ; et des excédants de 21 à 23 degrés quand le même poêle était au rouge sombre.

Ces chiffres donnent la mesure de l'intensité de la chaleur que peuvent percevoir des ouvriers, des soldats, qui, rentrant après avoir été exposés au froid et à l'humidité, s'approchent pendant quelque temps d'un poêle en métal chauffé au rouge. Ce danger et les graves inconvénients qui en résultent avaient été signalés de la manière la plus nette, par l'illustre Larrey, dans ses *Mémoires de chirurgie militaire*, à l'occasion des grandes campagnes de 1807, 1810 et 1812. Larrey cite de nombreux cas d'asphyxie, qui, d'après M. Morin, n'auraient pas d'autre cause que la température trop élevée des poêles.

Nous rappelons, à ce sujet, cet autre fait, que nous avons signalé, à savoir, que les poêles, de quelque matière qu'ils soient composés, ont l'inconvénient de ne produire aucun renouvellement d'air dans les pièces. Un poêle ventile, ainsi que nous l'avons dit, 40 à 50 fois moins qu'une cheminée.

Les inconvénients des poêles métalliques, sous le rapport des effets purement physiques, sont donc bien établis.

Mais l'altération chimique, c'est-à-dire la viciation de l'air par suite de la production d'oxyde de carbone, tel est le reproche fondamental qu'on est en droit d'adresser aux poêles métalliques. C'était là aussi le point essentiel, comme le plus difficile, de la question qu'avait à examiner le général Morin.

Déjà, à l'occasion du mémoire de M. le docteur Carret, MM. Sainte-Claire-Deville et Troost avaient prouvé que l'air, au contact de la surface extérieure d'un poêle de fonte, peut se charger d'une proportion d'oxyde de carbone allant jusqu'à 7 dix-millièmes et même 13 dix-millièmes de son volume. Il s'agissait de doser exactement la proportion de ce gaz toxique dans l'atmosphère considérée, ensuite de reconnaître d'où pouvait provenir le gaz oxyde de carbone ainsi produit. M. Morin, avec le concours du préparateur de l'École centrale, M. Urbain, a fait usage, pour reconnaître la présence de l'oxyde de carbone, du procédé qui consiste à faire passer l'air dans une dissolution de protochlorure de cuivre dissous dans l'acide chlorhydrique. En opérant ainsi, M. Morin a trouvé des proportions d'oxyde de carbone de 14 dix-millièmes à 18 dix-millièmes environ du volume de l'air d'une pièce dans laquelle on entretenait la combustion d'un poêle de fonte.

Cependant ce procédé, excellent pour reconnaître la présence de l'oxyde de carbone dans l'air, ne donne pas une certitude suffisante, comme moyen d'analyse quantitative. D'après les conseils de M. Claude Bernard, et en suivant la méthode prescrite par ce physiologiste, M, Morin a fait usage d'un artifice très-curieux et très-scientifique. Il a, en quelque sorte, concentré dans un organisme vivant le gaz toxique qu'il s'agissait de rechercher. Expliquons-nous, M. Morin a enfermé des lapins pendant trois jours, dans une salle chauffée par des poêles en métal, à la température de 30 à 35 degrés. Après cet intervalle, il a recueilli le sang desdits lapins, et a cherché à doser exactement la proportion d'oxyde de carbone contenue, dans ce sang. D'après ses expériences, 400 centimètres cubes du sang de ces animaux, renfermaient de 1 centimètre cube à 1 centimètre et demi d'oxyde de carbone, sans parler d'une certaine quantité d'acide carbonique et d'oxygène qui existent normalement dans le sang.

Ainsi, dans cette expérience élégante, le corps d'un animal fonctionnait comme un moyen d'absorption et de concentration des gaz cherchés, et l'organisme vivant se montrait plus sensible et plus efficace que la méthode chimique, pour saisir la fugitive substance qu'il s'agissait de retenir.

Cette expérience a été variée en faisant séjourner des lapins, non dans la pièce même chauffée par le poêle de fonte, mais sous une cloche dans, laquelle on faisait arriver, au moyen d'un aspirateur, l'air provenant de la salle chauffée par le poêle. Ici, la température étant celle de l'air extérieur, on éliminait l'influence que pouvait avoir, dans un sens ou dans un autre, la température de 30 à 35 degrés de la salle chauffée.

Cent centimètres cubes du sang des animaux placés dans ces conditions, contenaient près de 2 centimètres cubes de gaz oxyde de carbone, après un séjour de 30 heures sous la cloche ; et dans une autre expérience, environ 1 centimètre cube seulement du même gaz.

Il faut ajouter qu'en faisant les mêmes expériences avec des poêles en tôle de fer, et non de fonte, on n'a pas trouvé d'oxyde de carbone dans le sang des animaux examinés.

L'ensemble de ces expériences faites sur les animaux, prouve que l'usage des poêles de fonte chauffés au rouge détermine dans le

Louis Figuier

sang la présence de l'oxyde de carbone. Or, l'effet extrêmement toxique de l'oxyde de carbone sur l'économie animale est depuis longtemps connu. Ce gaz, quand il circule dans les vaisseaux, paralyse en quelque sorte les fonctions vitales des globules du sang ; il leur ôte, en quelque sorte, la propriété de retenir l'oxygène, et par conséquent d'exercer la fonction chimique de la respiration, l'*hématose*, comme l'appellent les médecins qui aiment à parler grec. D'après les expériences citées par M. Morin, il suffit que l'air contienne 4 dix-millièmes d'oxyde de carbone pour que l'oxygène contenu dans le sang de ces animaux se trouve réduit de près de moitié, chassé en quelque sorte par le gaz étranger.

Ainsi, quelque faibles que soient les proportions d'oxyde de carbone qui se répandent dans l'atmosphère d'une salle chauffée par un poêle de fonte, si la ventilation est incomplète, — et c'est le cas général avec les poêles, — l'oxyde de carbone peut, à la longue, en chassant l'oxygène du sang, causer une sorte d'asphyxie chez les personnes qui séjournent dans ce lieu.

Les poêles de fer présentent, à un degré moindre, il est vrai, mais présentent aussi, d'après M. le général Morin, le même inconvénient.

Quelle est la véritable origine du gaz oxyde de carbone, qui se forme, d'une manière bien positive, quand on fait usage de poêles de fonte et même de fer ? MM. Sainte-Claire-Deville et Troost, comme on l'a vu plus haut, ont cru pouvoir l'attribuer à la perméabilité de la fonte portée au rouge. À cette température, la fonte laisserait filtrer à travers sa substance une certaine portion d'oxyde de carbone.

M. Coulier, professeur de chimie au Val-de-Grâce, a également admis, à la suite d'expériences particulières, la perméabilité de la fonte portée au rouge, mais en restreignant à des proportions véritablement insignifiantes la quantité du gaz ainsi transmis.

Nous n'avons jamais accepté qu'avec répugnance cette explication théorique de l'origine du gaz oxyde de carbone, qui émane des poêles de fonte. Nous ne comprenons pas, en effet, comment, même en attribuant à la fonte la propriété étrange, anormale et presque antiphysique, de se laisser traverser par un gaz, nous ne comprenons pas, disons-nous, comment avec le tirage énergique du foyer d'un poêle allumé, le gaz oxyde de carbone, au lieu de suivre la voie toute simple et toute tracée du conduit de la fumée, pourrait se tamiser à travers les pores du métal. Le tirage doit infailliblement, il nous semble, entraîner pêle-mêle tous les gaz qui s'exhalent du charbon incandescent.

M. le général Morin ne se prononce pas nettement sur cette question. Si dans les conclusions de son mémoire, il déclare que l'oxyde de carbone peut provenir « de plusieurs origines différentes et parfois concourantes, savoir, la perméabilité de la fonte par ce gaz, qui passerait de l'intérieur du foyer à l'extérieur, » nous ne trouvons dans son mémoire aucune expérience qui autorise cette conclusion. Aucune recherche spéciale ne paraît avoir été faite par le savant académicien pour constater la réalité du phénomène dont il s'agit. Dans cette circonstance, M. le général Morin paraît donc s'en référer aux expériences de MM. Sainte-Claire-Deville et Troost. Nous aurions mieux aimé qu'il eût abordé de front la difficulté, et que, par des constatations personnelles, il nous eût appris ce qu'il faut décidément penser du phénomène, si contestable et si contesté, de la perméabilité de la fonte.

Si M. le général Morin n'a apporté aucun éclaircissement nouveau sur le point fondamental de la question qui nous occupe, il faut reconnaître au moins qu'il a su éclairer d'un jour nouveau le phénomène, pris en lui-même, de la production du gaz oxyde de carbone par une surface de fonte. Des expériences remarquables auxquelles il s'est livré, il résulte ce fait, à peine soupçonné jusqu'ici, que l'oxyde de carbone peut provenir de la décomposition de l'acide carbonique de l'air par une surface de fer portée au rouge.

On trouve dans le *Traité de chimie* de Thénard que le fer chauffé au rouge, décompose l'acide carbonique, s'empare d'une partie de son oxygène et le transforme en oxyde de carbone. M. Payen a répété cette expérience dans son laboratoire, en faisant passer du gaz acide carbonique dans un tube de verre chauffé au rouge sombre, et qui contenait du fer pur. Le gaz recueilli au sortir de l'appareil, a présenté tous les caractères distinctifs de l'oxyde de carbone, savoir : combustibilité avec coloration bleu pâle de la flamme, et absorption de 0,75 de son volume par le protochlorure de cuivre dissous dans l'acide chlorhydrique.

Louis Figuier

Dans une autre expérience, on a fait passer un courant d'air, tantôt sec, tantôt humide, sur des copeaux de fonte et sur des copeaux de fer ordinaire contenus dans un tube de verre chauffé au rouge sombre. Les gaz produits traversaient ensuite des tubes contenant du protochlorure de cuivre dissous dans l'acide chlorhydrique. L'oxyde de carbone s'est formé assez abondamment dans cette expérience, car on a pu l'extraire de la dissolution de protochlorure de cuivre et doser son volume.

Il est évident que ce qui se passe dans cette expérience de laboratoire doit se reproduire dans les poêles de fonte chauffés au rouge. L'acide carbonique naturellement contenu dans l'air de la salle, ou celui qui provient de la respiration des personnes qu'elle renferme, est décomposé par le fer, et de là résulte de l'oxyde de carbone, qui reste mêlé à l'air de la pièce, toujours mal ventilée quand elle est chauffée par un poêle.

Il faut ajouter que les poussières organiques qui flottent dans l'air, et qui tombent sur la surface rougie du poêle, étant détruites par l'action du calorique, peuvent également produire de l'oxyde de carbone.

On voit, en résumé, que tous les effets nuisibles résultant de l'usage des poêles de fonte ne se manifestent que quand le métal est porté au rouge, et que ces effets sont la conséquence de la facilité avec laquelle la surface des poêles de métal peut atteindre cette haute température. M. le général Morin en conclut, avec raison, que l'on préviendrait du même coup tous les inconvénients et tous les dangers inhérents à cet appareil de chauffage, en empêchant le métal des poêles d'atteindre la température rouge. Il conseille donc de garnir l'intérieur du foyer du poêle, de briques ou de terre réfractaire, qui, par leur mauvaise conductibilité, préserveraient le métal de l'excès du calorique, l'empêcheraient d'atteindre la température rouge, et préviendraient, par conséquent, tous les fâcheux effets, tant physiques que chimiques, que nous venons d'énumérer.

C'est là une excellente conclusion. Il ne reste plus qu'à persuader à nos fabricants de poêles, à nos fondeurs et à nos fumistes, de construire ces appareils de chauffage suivant le système recommandé par M. le général Morin, c'est-à-dire de les garnir, à l'intérieur, d'une enveloppe peu conductrice. Grâce à cette modification, on pourra conserver dans les habitations et les établissements publics, le vieux et classique poêle de fonte, sans avoir à redouter des inconvénients et des dangers dont il serait désormais impossible de mettre en doute la réalité.

CHAPITRE VIII

DESCRIPTION DES DIFFÉRENTES VARIÉTÉS DE POÊLES. — POÊLE D'ANTICHAMBRE. — POÊLE D'ATELIER. — DÉTERMINATION EXACTE DE LA SURFACE DE CHAUFFE QUE DOIT PRÉSENTER UN POÊLE. — POÊLES ALLEMANDS ET RUSSES. — POÊLES PERFECTIONNÉS. — APPAREIL DE WALKER, MARTIN, HUREY, ARNOT. — LES CHEMINÉES-POÊLES. — CHEMINÉE À LA PRUSSIENNE. — CHEMINÉE À LA DÉSARNOD.

Après cette appréciation des avantages et des inconvénients des poêles en général, nous donnerons la description des différentes variétés de cet appareil de chauffage.

En France, on trouve des poêles dans les antichambres et même dans les salles à manger des appartements. D'autres sont employés dans les salles d'école, les bureaux, les casernes. Quelques-uns, enfin, par leur forme et leurs qualités, sont intermédiaires entre la cheminée et le poêle, et pour cette raison portent le nom de *cheminées-poêles*. La description de tous ces appareils fera l'objet de ce chapitre.

Le poêle populaire, le poêle d'atelier, de casernes, de bureaux, etc., est un simple fourneau en fonte muni d'un tuyau de tôle. La figure 181 représente cet appareil banal. Souvent, comme on le voit sur cette figure, le dessus du poêle peut s'enlever, être remplacé par une marmite, et servir ainsi à la préparation des aliments.

Le tuyau est muni d'une clef, qui sert à régler la combustion. C'est là, disons-le, un très-dangereux et très-inutile organe : il faudrait le bannir, pour assurer toute sécurité. Malheureusement, les fumistes se croient obligés de pourvoir d'une clef tout poêle d'appartement ou d'atelier. Le nombre d'accidents qu'ont déterminés ces malheureuses clefs, est pourtant incalculable. On croit pouvoir

Louis Figuier

fermer le poêle quand le charbon est bien allumé, et l'on ne songe pas que le charbon continuant de brûler, l'acide carbonique qui provient de sa combustion, trouvant fermé le chemin du tuyau, doit se déverser dans l'air de la pièce. Les nombreux cas d'asphyxie de personnes qui habitaient une chambre dans laquelle on avait ainsi fermé la clef du poêle, ont prouvé suffisamment tout le danger d'une pareille pratique. On couperait court à ce danger en proscrivant absolument les clefs des poêles.

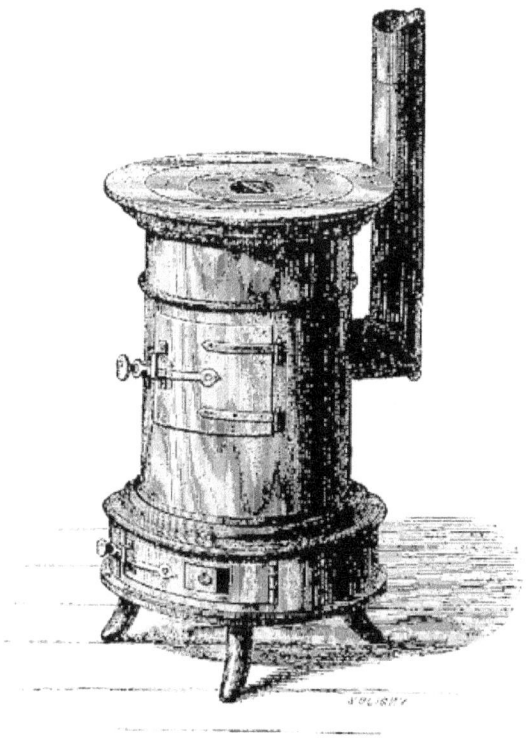

Fig. 181. — Poêle d'atelier en fonte.

Pour que l'air de la pièce ne soit pas trop desséché, il importe, comme nous l'avons déjà dit, de placer sur le poêle, un plat, une assiette, un bassin, que l'on maintient toujours pleins d'eau.

CHAPITRE VIII

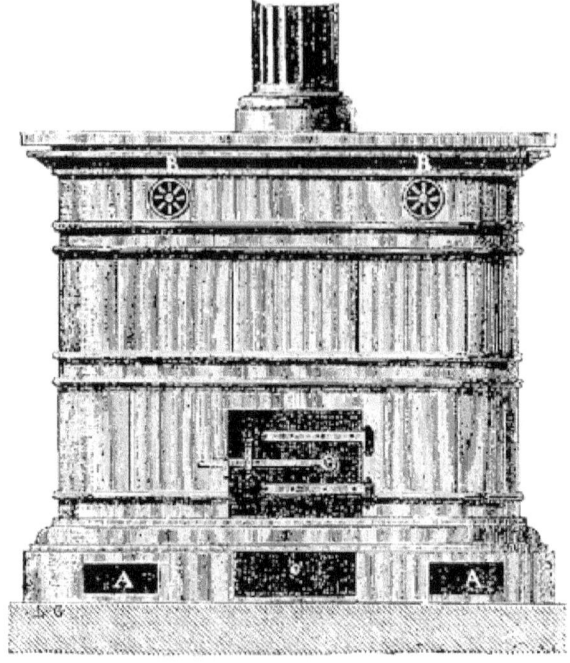

Fig. 182. — Poêle d'antichambre.

Le système le plus en usage à Paris et dans les grandes villes de France, pour chauffer les antichambres et les salles à manger, consiste à y établir un gros poêle, construit en briques vernissées, et pourvu de bouches de chaleur (*fig.* 182). Tantôt des tuyaux destinés à alimenter le foyer, puisent l'air au dehors, c'est-à-dire dans le tuyau ménagé par les architectes dans l'épaisseur des murs, et qui est connu sous le nom de *ventouse*, et produisent une véritable ventilation ; tantôt, et c'est le cas du poêle représenté par la figure 182, ils sont alimentés par l'air de la pièce même.

Il est facile, avec les poêles, d'établir des bouches de chaleur. L'air entre par deux ouvertures, A, A, qu'on remarque dans le soubassement sur les côtés du cendrier, il passe dans des tubes verticaux environnant le foyer, et se dégage à l'extérieur par les bouches de chaleur B, B.

Louis Figuier

Fig. 183. — Coupe du poêle d'antichambre.

La figure 183 fait voir le trajet du tuyau de fumée à l'intérieur du poêle. Le foyer se compose d'une cloche en fonte A, recevant le combustible ; il est surmonté d'un tuyau en tôle, BB, qui se recourbe à angle droit, et reçoit la fumée, laquelle se dégage par le tuyau E. Une étuve, C, est chauffée par le rayonnement du tuyau de fumée qui l'environne. Au-dessus de l'étuve sont percées deux bouches de chaleur, D, D, qui versent dans la pièce l'air qui s'est échauffé dans l'étuve C.

CHAPITRE VIII

Le poêle d'antichambre équivaut, en somme, à un poêle métallique placé dans une enveloppe de terre cuite, et il n'a sur ce dernier que l'avantage de l'aspect. L'air chauffé est versé dans la salle à une température trop élevée et en trop petite quantité.

Il conviendrait de puiser toujours au dehors l'air destiné à entretenir la combustion, en se servant de la *ventouse* qui existe déjà dans beaucoup de maisons, mais à laquelle les architectes donnent une section beaucoup trop petite. Il faudrait adopter des tubes assez larges pour qu'il arrivât à peu près autant d'air que le tirage en entraîne. Il faudrait, en outre, ménager dans le poêle un espace particulier qui contiendrait de l'eau, destinée à rendre à l'air chaud sa vapeur normale, enfin, autant que possible, ne pas faire circuler la fumée dans des tuyaux métalliques, mais plutôt dans des conduits en terre, formés avec des briques semblables aux briques Gourlier.

On place quelquefois les poêles de cette espèce au milieu de l'appartement. Alors, pour ne pas nuire à la décoration, ou pour plus de commodité, on fait passer sous le parquet le conduit de la fumée, jusqu'à ce qu'il atteigne le tuyau caché dans l'épaisseur de la muraille.

Lorsqu'on allume le feu, le tirage n'a aucune tendance à se produire par ce conduit, et la fumée, plutôt que d'y passer, refluerait par la porte du poêle. Pour déterminer le courant, il faut disposer au bas de la cheminée verticale, un petit foyer supplémentaire, dans lequel on commence par brûler quelques menus combustibles. Dès que le tirage est établi dans le tuyau vertical, on ferme le petit foyer, et l'appel entraîne la fumée du poêle dans la direction voulue.

La figure 184 montre cette disposition. A est le petit foyer qu'il faut allumer pour provoquer le tirage dans le foyer du poêle C, le long du tuyau B.

Le système que représente la figure 184 n'est autre chose que le poêle en usage en Allemagne. Les dimensions de la maçonnerie du poêle, le trajet et les dispositions des tuyaux à fumer à l'intérieur de l'appartement, varient beaucoup, mais le principe même de la construction du poêle allemand est exactement représenté par cette figure.

Louis Figuier

Fig. 184. — Poêle à tirage renversé.

Lorsque la portion verticale du conduit est courte, ou la portion horizontale très-longue, il arrive souvent qu'une diminution accidentelle du tirage fait fumer le poêle, et alors il continue de fumer, jusqu'à ce qu'en rallumant le petit foyer, on ait déterminé une nouvelle colonne d'air ascendante, qui remette toutes choses dans l'ordre.

Pour parer à cet inconvénient, M. le général Morin conseille d'établir vers le bas du tuyau vertical, un bec de gaz, qu'on maintient allumé pendant tout le temps que dure la combustion. Pour que la fumée n'éteigne pas ce bec de gaz, il faut l'entourer d'une toile métallique à mailles serrées, et l'alimenter d'air par un conduit spécial.

Cette disposition compliquée ne pourrait être utilisée que pour des appareils importants de chauffage. Elle exigerait une certaine dépense et des soins d'entretien. En outre, les habitants de la maison seraient constamment placés sous le coup d'une explosion de gaz. En effet, si le tube conducteur de l'air, spécial au bec de gaz, vient à se boucher en partie, ou que la flamme du gaz vienne à s'éteindre ; ou bien enfin, si par une cause quelconque et trop probable, une certaine quantité du gaz d'éclairage se répandait dans le conduit, et se mêlait à un volume d'air suffisant, le mélange pourrait prendre feu et faire voler en éclats la muraille dans laquelle le conduit est percé.

Il est préférable, croyons-nous, dans tous les cas, de donner une plus grande hauteur au tuyau vertical, et de prendre toutes les précautions que nous avons indiquées pour assurer un bon tirage.

Tous les poêles que l'on fabrique, ont, en général, une surface de chauffe trop faible. Leurs parois sont portées à une trop haute température, ce qui, outre les défauts graves que nous avons signalés, c'est-à-dire la production de l'oxyde de carbone, qui vicie l'atmosphère, et la décomposition des poussières atmosphériques, entraîne encore la perte d'une certaine partie de la chaleur utilisable, parce que la fumée n'est pas assez refroidie.

Dans les poêles métalliques ordinaires, la surface de chauffe est communément égale à vingt fois la surface de la grille. Il conviendrait, d'après le général Morin, que cette surface fût quatre ou cinq fois plus grande. Cette proportion devrait encore être dépassée dans les poêles en brique, lesquels transmettent moins bien la chaleur que les poêles en métal.

Un constructeur d'Angleterre, M. Gurney, a trouvé une manière fort originale d'agrandir la surface de chauffe, sans augmenter beaucoup le volume du poêle. La figure 185 donne la coupe de cet appareil, que l'on peut voir à la porte d'entrée de l'église Saint-Augustin, à Paris.

La paroi cylindrique est hérissée d'une trentaine d'ailettes verticales venues de fonte. La partie inférieure de ces ailettes, plonge dans une sorte de bassin annulaire AB où l'on maintient de l'eau. La surface cylindrique du poêle est à peu près supprimée, mais la somme des ailettes fournit une surface de chauffe au moins quadruple, ce qui est fort utile pour le rayonnement.

Les constructeurs décorent du nom pompeux de *calorifères* des poêles munis de simples bouches de chaleur, et semblables à plusieurs de ceux qui précèdent. Mais on ne doit désigner sous le nom de *calorifères* que les appareils destinés à chauffer des pièces autres que le local dans lequel ils sont renfermés. C'est donc à tort que de simples poêles sont baptisés de ce nom.

Louis Figuier

Fig. 185. — Poêle à ailettes.

La nécessité d'alimenter constamment les poêles de combustible nouveau, est un inconvénient auquel on a voulu remédier. On a récemment appliqué aux poêles la méthode de l'alimentation continue du combustible, en imitant les dispositions qui sont en usage dans certains foyers d'usines.

CHAPITRE VIII

La figure 186 fait voir la coupe du poêle à alimentation continue, de M. Thomas Walker.

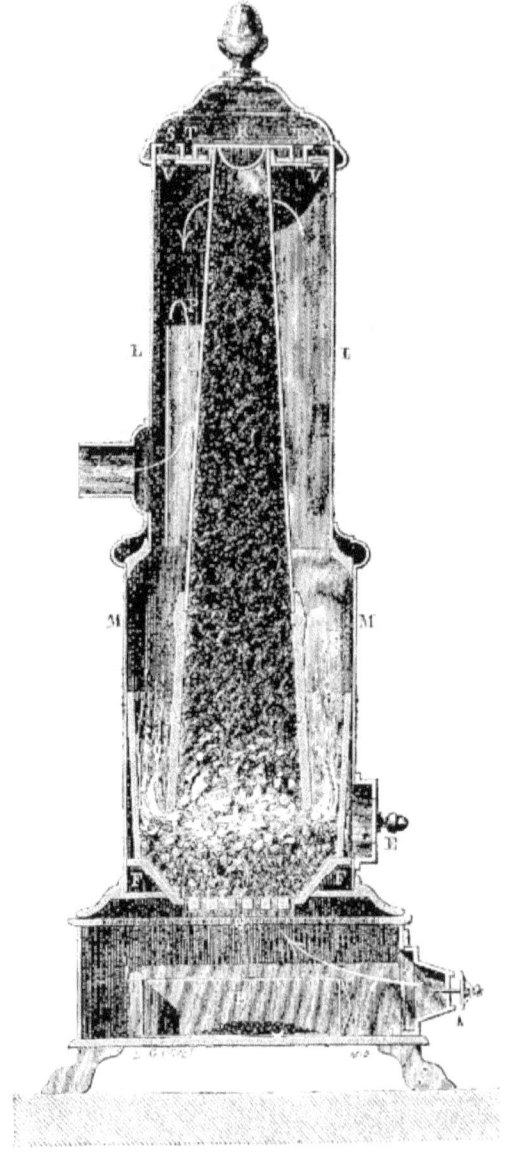

Fig. 186. — Poêle à alimentation continue.

Louis Figuier

Un long cône central, fermé, à sa partie supérieure, par un couvercle TT, dont les bords saillants plongent dans un lit de sable fin, S, S, est rempli de coke, qui, par son poids, descend sur la grille, au fur et à mesure de la combustion. L'air extérieur arrive par l'ouverture A, traverse la grille C, où il brûle le charbon ; puis il passe sur les côtés du cône, circule entre celui-ci et l'enveloppe extérieure, MM, et après s'être élevé jusqu'au sommet VV, redescend par le tube P, dans le conduit, O, de la cheminée.

En retirant la plaque E, on découvre une toile métallique fine, qui permet de jouir de la vue du feu. Le registre A règle l'arrivée de l'air, et par conséquent aussi, l'activité de la combustion. Les ouvertures R et V, V, favorisent le nettoyage.

Pour allumer le feu, on place sur la grille quelques menus combustibles et du charbon à la manière ordinaire, et quand tout est bien embrasé, on verse le coke dans le cône par l'ouverture supérieure, R. La combustion peut marcher ensuite pendant une journée entière.

M. Martin, ingénieur à Besançon, a imaginé un appareil semblable à celui de M. Walker, quant aux dispositions principales, mais qui possède, outre ces enveloppes, des espaces spéciaux réservés à la circulation et au chauffage de l'air appelé du dehors.

Cet air arrive par un tuyau muni d'un registre ; il passe au-dessous de la plaque du cendrier, monte dans l'espace annulaire qui environne le réservoir de coke, et s'écoule par les bouches de chaleur percées au haut de la paroi cylindrique extérieure. Quant à l'air destiné à la combustion, il entre par la porte du cendrier, traverse la grille, arrive entre la paroi du réservoir de charbon et la deuxième enveloppe ; un diaphragme percé d'un trou, le force à circuler avant qu'il trouve issue par le conduit de la cheminée.

Une boîte située au haut de l'appareil, est destinée à recevoir un vase rempli d'eau.

Quoique fort perfectionné, le poêle de M. Martin laisse encore à désirer. Ainsi le couvercle du réservoir de coke ne fermant pas, comme celui de M. Walker, par un joint à sable, l'occlusion n'est pas complète, tantôt la fumée trouve à s'écouler dans la pièce, tantôt, au contraire, l'air de la salle, appelé par un puissant tirage, pénètre dans le réservoir et fait brûler le coke ailleurs que dans le véritable foyer.

M. Hurey, d'une part, le docteur Arnott de l'autre, ont modifié ou perfectionné le système d'alimentation continue du combustible, dans des poêles particuliers, dont nous ne donnerons pas de description, parce qu'aucun n'est entré sérieusement dans la pratique, et que le premier type que nous avons représenté donne une idée suffisante de ce système.

Nous terminerons ce chapitre en parlant des *cheminées-poêles*.

Ces appareils (*fig.* 187), dont le nom seul est une définition suffisante, s'appellent aussi *cheminées à la prussienne*.

Fig. 187. — Cheminée à la prussienne.

Ils se composent d'une caisse en tôle ou en fonte, renfermée dans un massif de brique, excepté à la partie antérieure, qui porte un tablier mobile. Tantôt le tuyau pour le dégagement de la fumée est court et horizontal, et verse les gaz et la fumée dans le bas d'une

Louis Figuier

cheminée ordinaire, préalablement bouchée ; tantôt, au contraire, il est d'une certaine longueur, et s'élève verticalement jusqu'au haut de la pièce, comme le représente la figure 187, avant de s'aboucher dans le conduit. Dans le premier cas l'appareil se rapproche beaucoup de la cheminée, dans le second, il participe surtout du poêle.

Souvent une enveloppe métallique entoure le massif de maçonnerie. Souvent aussi la caisse intérieure contient une grille, pour l'usage de la houille ou du coke. Dans la pratique, d'autres différences peuvent encore s'établir, mais elles sont de peu d'importance.

Les cheminées *à la Désarnod* diffèrent des *cheminées à la prussienne*, en ce qu'elles utilisent une partie de la chaleur, pour chauffer l'air et produire une ventilation. Cet appareil de chauffage est, d'ailleurs, fort ancien. Il présente une certaine complication, et il faut le démonter en entier pour le nettoyer. Cependant ses dispositions sont excellentes, car des cheminées de ce genre fonctionnent encore très-bien, après soixante ans d'existence.

On construit aujourd'hui un assez grand nombre d'appareils sur le principe de la cheminée *Désarnod*, qui tient le milieu entre la cheminée et le poêle.

En résumé, les cheminées-poêles sont économiques et salubres. Elles montrent largement le feu, chauffent par rayonnement, comme les cheminées ordinaires, et donnent un rendement calorifique presque égal à celui des poêles.

CHAPITRE IX

LES CALORIFÈRES EMPLOYÉS DANS L'ANTIQUITÉ POUR LE CHAUFFAGE DES BAINS PUBLICS. — L'HYPOCAUSTUM. — LES THERMES CHAUFFÉS PAR L'HYPOCAUSTUM. — LE CALORIFÈRE À AIR CHAUD CHEZ LES ROMAINS.

Nous passons au second groupe d'appareils de chauffage que nous avons à étudier, c'est-à-dire aux *calorifères*.

Nous avons dit, dans les premières pages de cette Notice, que les anciens, les Grecs et les Romains, n'ont pas connu la cheminée, et qu'ils ne se chauffaient qu'avec des brasiers portatifs. Arrivé au chapitre des calorifères, nous devons ajouter que les Romains avaient appliqué au chauffage de leurs bains publics (*thermes*), une disposition qui a été sans doute le prélude de nos calorifères actuels à air chaud. Nous entrerons ici dans quelques détails sur cette intéressante particularité historique.

Les Romains chauffaient le pavé de leurs bains publics en plaçant de vastes foyers au-dessous de la salle. Les pavés et les mosaïques s'échauffant par le contact du foyer, communiquaient leur chaleur à l'air de la pièce.

Les Chinois, à ce qu'il paraît, avaient déjà fait usage du même système pour le chauffage de leurs maisons ; mais comme pour tout ce qui concerne les inventions en Chine, il serait très-difficile d'invoquer un texte précis à l'appui de cette assertion.

Une peinture découverte de nos jours, à Rome, dans les bains de Titus, et que nous retraçons ici (*fig.* 188), fait parfaitement comprendre le mode de chauffage dont il s'agit. On voit, dans ce dessin, les différentes salles des bains publics chez les Romains. Nous indiquerons par des lettres chacune de ces parties.

Fig. 188. — Les thermes des anciens, d'après une peinture découverte à Rome.

AA, est le fourneau qui chauffait le pavé, c'est-à-dire l'*hypocaustum*, sur lequel nous allons revenir tout à l'heure ; B, est la salle du bain public (*balneum*) ; C, l'étuve (*camerata sudatio*). On voit au milieu de cette pièce, une étuve plus petite (d), chauffée par un fourneau supplémentaire : c'est le*laconicum*, ainsi nommé parce que le fourneau qui chauffait cet espace et qui était recouvert d'une sorte de bouclier, pour répartir uniformément la chaleur, avait été emprunté à la Laconie ; D, est le *tepidarium* ou *vaporarium*, salle chauffée par la vapeur, que l'on traversait en se rendant du bain chaud au bain froid, pour ménager la transition du chaud au froid ; E, est la salle d'aspersion d'eau froide (*frigidarium*) ; F, l'*elæotherium*, ou *onctuaire* ; c'est-à-dire la pièce où les esclaves (*unctarii*) étaient chargés d'oindre d'huile ou d'essences les gens qui venaient se baigner.

On voit à droite dans les vases *a, b, c*, les réservoirs d'eau froide, tiède et chaude.

Fig. 189. — Hypocaustum des Romains.

L'*hypocauste* était, disons-nous, le fourneau souterrain destiné à chauffer le pavé des bains. Sa construction était assez remarquable. On la trouve décrite en ces termes, dans le savant et intéressant ouvrage de M. Bâtissier, *l'Art monumental* :

« Imaginez, dit M. Bâtissier, une chambre dont le fond formait un plan incliné qui s'abaissait jusqu'à l'ouverture pratiquée pour le chauffage. Elle avait de 55 à 60 centimètres de hauteur, et son plafond, qui constituait le plancher de plusieurs salles placées au-dessus de l'hypocauste, était soutenu par de petits piliers, A (*fig.* 189), le plus souvent carrés, rarement ronds, disposés à environ 2 mètres les uns des autres, et faits avec des briques séparées chacune par un lit de mortier. Ces piliers étaient surmontés de briques plus grandes, B, qui formaient la base du pavé des appartements G. La chaleur des fourneaux arrivait aux chambres des bains par des tuyaux fixés dans les murs ; ces tuyaux, en terre cuite et de forme carrée, s'adaptaient les uns aux autres et étaient placés d'abord verticalement, — alors ils plongeaient dans l'hypocauste, — puis prenaient une direction horizontale et distribuaient partout le calorique. L'ouverture pour le chauffage, *prœfurnium*, était très-étroite ; des esclaves, appelés *fornocatores*, étaient chargés d'entretenir le feu. Ils devaient y jeter de temps en temps des globes de métal enduits de térébenthine. Ces globes étaient lancés à l'extrémité de l'hypocauste ; comme l'aire de ce foyer était inclinée, les globes enflammés revenaient à l'entrée du fourneau, et répandaient ainsi partout une égale chaleur. — On a découvert plusieurs hypocaustes, assez bien conservés : en France, à Saintes et à Lillebonne ; en Angleterre, à Worcester, et à Hope, — dans le comté de Chester.

« Telles sont les diverses parties dont se composaient les bains publics. Les empereurs et les riches patriciens de Rome avaient aussi dans leurs maisons des bains particuliers faits sur le modèle des bains publics. Les débris des *thermes de Julien*, à Paris, peuvent servir à prouver l'importance qu'on donnait à ces monuments dans l'antiquité.[1] »

On a trouvé à Rome, dans un *laconicum*, c'est-à-dire dans une étuve de bains publics, un dessin fort curieux, car il nous montre l'existence dans l'antiquité, d'une disposition qui a été le prélude du *calorifère à air chaud* en usage de nos jours. La figure 190 est le fac-similé exact de ce dessin. On y voit de nombreux tuyaux placés dans le mur circulaire qui entoure le *laconicum*, et qui échauffe

1 *L'Art monumental*, 1 vol. grand in-8°. Paris, 1860.

Louis Figuier

cette salle par la fumée du foyer, à travers l'épaisseur des tuyaux.

Fig. 190. — Calorifère romain.

Nous ajouterons que les tuyaux placés dans l'épaisseur des murs, pour porter la chaleur à une certaine distance, n'étaient pas toujours exclusivement appliqués dans les thermes. Un passage de Sénèque le Philosophe va nous apprendre que ces calorifères en herbe étaient en usage dans les maisons.

« De mon temps, dit Sénèque, on a fait des découvertes du même genre, comme des toitures transparentes, pour laisser passer la lumière dans toute sa pureté, des bains suspendus et des tubes logés dans l'épaisseur des murs, pour diriger et répartir également dans la maison une chaleur douce et égale.[1] »

En établissant que les anciens ont connu le calorifère à air chaud, nous ne voulons aucunement prétendre que les modernes leur aient emprunté cette invention. Nous avons voulu seulement, par ce coup d'œil rétrospectif, établir un fait intéressant au point de

1 *Œuvres complètes de Sénèque le Philosophe*, t. VI, lettre 90, p. 469-471.

vue de l'histoire des sciences.

Rien ne nous empêche maintenant d'arriver aux calorifères modernes.

CHAPITRE X

UTILITÉ DES CALORIFÈRES. — MOUVEMENT DE L'AIR DANS LES CALORIFÈRES À AIR CHAUD. — TUYAUX, JOINTS, NATURE DES MATÉRIAUX EMPLOYÉS. — LES DIVERS SYSTÈMES DE CALORIFÈRES.

On a calculé qu'avec les cheminées du *bon vieux temps*, celles qui pouvaient abriter toute une famille sous leur respectable manteau, et recevoir quatre ramoneurs de front dans leur tuyau, plus respectable encore, on ne retirait guère que 3 à 4 pour 100 du calorique développé par la combustion du bois.

Ce système élémentaire de chauffage a été un peu amélioré depuis nos aïeux : les cheminées actuelles nous font jouir du huitième ou du dixième de la chaleur produite dans le foyer. On consomme annuellement en France pour 150 millions environ de combustible, et l'on n'en utilise guère que pour 15 millions ; le reste, c'est-à-dire 135 millions, s'envole sur les toits !

En se fondant sur le relevé des octrois, on a calculé que Paris reçoit annuellement, pour plus de 26 millions de francs de bois à brûler (500 000 stères). Ce bois étant uniquement destiné aux cheminées, lesquelles n'utilisent guère, en moyenne, que 8 à 10 pour 100 de la chaleur produite dans le foyer, il en résulte qu'à Paris seulement, et pour cette seule espèce de combustible, on perd chaque année, on jette dans les airs, une quantité de chaleur équivalente à 23 millions de francs, ce qui donne pour chaque maison une perte annuelle de 500 francs.

Ce résultat déplorable est inhérent aux dispositions et aux principes de nos cheminées, dont nous avons déjà signalé les défauts. Contentons-nous de rappeler que la situation du foyer, placé contre l'une des parois de l'appartement, fait déjà perdre une grande partie de la chaleur rayonnante du combustible en ignition. Mais un vice plus grave encore, car il est tout à fait sans remède, c'est l'existence de cette énorme conduite, destinée à livrer passage aux produits de la combustion, et qui emporte constamment l'air, à mesure qu'il s'échauffe dans le foyer. Si l'on pouvait le conserver dans l'appartement, cet air chaud en élèverait promptement la température ; mais il s'échappe au plus vite, et se trouve tout aussitôt remplacé par l'air froid de l'extérieur, qui, se glissant par le dessous des portes et des jointures, vient, au grand détriment de l'effet calorifique, remplir incessamment ce tonneau des Danaïdes incessamment vidé. Aussi, le seul bénéfice qui résulte de nos cheminées, sous le rapport calorifique, réside-t-il dans le rayonnement du foyer qui échauffe l'air placé dans son voisinage. Mais cet air chaud ne persiste pas longtemps, car l'air du dehors vient promptement prendre sa place.

M. Péclet disait un jour : « Les architectes comprennent si mal les principes de l'application du calorique, que la place la plus chaude d'une maison se trouve sur les toits. » Ce mot n'est pas seulement un trait d'esprit, c'est aussi un trait de bon sens. Le bon sens et l'esprit sont plus proches parents qu'on ne l'imagine. On a dit : « L'esprit est la gaieté du « bon sens. »

Là n'est pas encore tout le gaspillage économique qui résulte des cheminées. *Time is money* (le temps est de l'argent), disent les Anglais. A-t-on calculé ce que vaut le temps qui est nécessaire pour allumer, plusieurs fois par jour, pendant les cinq mois que dure l'hiver, les huit cent mille cheminées parisiennes ? La place coûte cher aussi. A-t-on calculé ce que coûte l'emplacement des caves, des greniers, en un mot des resserres où chacun tient son combustible en réserve ? Enfin, peut-on estimer au juste ce que coûtent les transports de bois, les vols domestiques, les dégradations que cause la fumée, et ce qu'on a dépensé pour la construction des cheminées et des resserres dont il vient d'être question ?

Nous ne croyons pas commettre d'exagération, si, par ces motifs, nous portons au double des chiffres précédents la perte annuelle d'argent occasionnée par les cheminées, c'est-à-dire si nous chiffrons cette perte à 270 millions pour la France entière, et à 46 millions pour la seule ville de Paris, en ne comptant que le bois.

Nous ne disons rien du chauffage par les poêles, qui est économique à la vérité, mais qui est reconnu insalubre.

CHAPITRE X

Il existe des appareils qui remédient aux défauts des cheminées sous le rapport économique : ce sont les calorifères. Malheureusement, ils sont peu répandus, grâce à l'esprit de routine et d'ignorance qui domine partout. Ces appareils mêmes, c'est-à-dire les calorifères à air chaud, ne sont pas eux-mêmes parfaits. Mais on les aurait mieux étudiés et ils offriraient moins de défauts, si le génie des inventeurs avait été stimulé par un usage plus général de ce mode de chauffage.

Un bon calorifère à air chaud est l'égal d'un poêle, quant au rendement calorifique.

Il utilise, en effet, jusqu'à 90 pour 100 de la chaleur du combustible. On peut y brûler les houilles de qualité inférieure et de l'anthracite, tous combustibles moins chers que le bois. Leur service est facile. Placés dans l'une des caves de la maison, ils ne sont point encombrants, puisqu'on doit les considérer comme répartis entre tous les appartements dont ils remplacent les cheminées.

Si les propriétaires des maisons nouvelles comprenaient leurs intérêts et ceux de leurs locataires, pas une maison ne serait construite sans un calorifère, soit à air chaud, soit à eau chaude ; et de même qu'on loue l'eau, le gaz et le service du concierge, les locataires s'abonneraient au chauffage. Le chauffeur, dans la plupart des cas, ne serait autre chose que le concierge.

Il convient de dire, pour être juste, que ce système a été appliqué dans un certain nombre de maisons de Paris pour les calorifères à air chaud.

Il existe trois espèces de calorifères : 1° les calorifères à air chaud, ou *calorifères de cave* ; 2° les *calorifères à vapeur* ; 3° les *calorifères à eau chaude*. Nous verrons enfin qu'il faudrait composer un quatrième groupe de la combinaison, qui a été faite de nos jours, des deux derniers systèmes que nous venons d'énumérer.

Nous avons à traiter dans ce chapitre, des calorifères à air chaud, ou *calorifères de cave*.

Le *calorifère de cave* consiste en une vaste chambre à air, au milieu de laquelle est placé un foyer de houille. Les tuyaux qui conduisent dans la cheminée les produits de la combustion de ce foyer, se replient plusieurs fois sur eux-mêmes, à l'intérieur de la chambre à air et, par conséquent, échauffent considérablement cet espace.

Louis Figuier

La chambre à air est en communication, d'une part avec une prise d'air extérieur, d'autre part avec une série de conduites en briques, qui amènent l'air, quand il est échauffé, dans les différentes pièces de la maison. Des coulisses placées au-devant de chaque bouche de chaleur, permettent d'établir ou d'intercepter à volonté, l'entrée de l'air chaud dans chaque pièce.

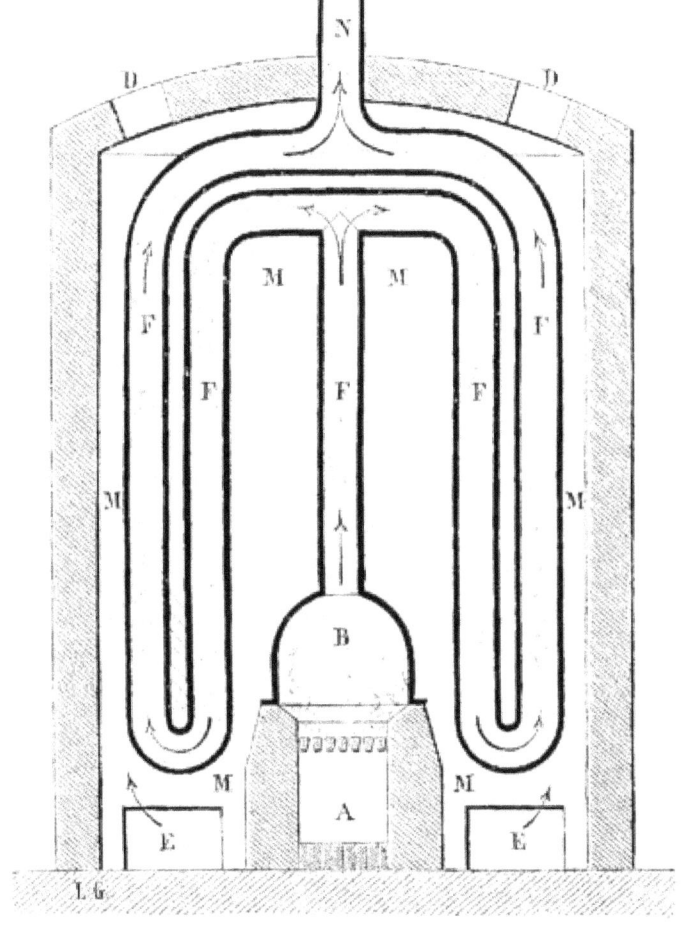

Fig. 191. — Principe du calorifère de cave.

La figure 191, qui est toute théorique, fera comprendre le principe du calorifère de cave.

Le foyer AB est placé au milieu de la chambre à air, MM ; les tuyaux, F, F, F, se recourbent plusieurs fois, et débouchent dans la conduite N, de la cheminée. D'autre part, l'air venant des prises d'air extérieur, E, E, est appelé dans la chambre à air, MM ; il s'y échauffe et s'échappe par les conduits D, D, qui le dirigent dans les appartements.

Il se fait dans le conduit d'air chaud, D, un véritable tirage, tout à fait comparable au tirage qui se fait par le tuyau d'une cheminée ordinaire, et qui s'opère d'après le même principe. Mais, tandis que le conduit de la cheminée est simple, les tuyaux D, D, qui portent l'air chaud dans la maison, se divisent bientôt en un certain nombre d'autres tuyaux plus petits et diversement infléchis, pour répartir la chaleur entre toutes les pièces de la maison.

Les calorifères à air chaud ont un inconvénient grave, c'est qu'ils distribuent dans les appartements un air tout à fait sec. Nous avons déjà fait ressortir les dangers que présente, pour la santé des personnes qui le respirent, un air entièrement desséché par la chaleur. Il est pourtant facile de donner à l'air chaud d'un calorifère la quantité de vapeur d'eau nécessaire pour ses qualités hygiéniques. Il suffit de disposer dans la chambre à air, MM, et d'une manière quelconque sur le passage de l'air chaud, un large bassin plein d'eau, dont on puisse renouveler le liquide, de l'extérieur, à l'aide d'un entonnoir, de manière à maintenir le même niveau de l'eau chaque jour. Grâce à l'interposition de ce bassin plein d'eau, qui se réduit en vapeurs par la haute température du milieu où elle se trouve, l'air chaud, quand il pénètre dans les pièces de la maison, est toujours chargé de l'humidité normale.

Les personnes qui habitent les maisons chauffées par des calorifères de cave, sont souvent frappées de l'odeur désagréable de l'air chaud. Cette odeur, qui se produit surtout au moment de la plus grande activité du foyer, amène des maux de tête, comparables à ceux que donnent les poêles de fonte. On dit alors que l'air est *brûlé*. C'est qu'en effet, les molécules organiques contenues dans l'air du dehors, entraînées au contact des parois métalliques rougies par le foyer, brûlent et donnent de l'odeur à l'air chaud.

Il faut éviter de faire rougir les tuyaux d'un calorifère de cave,

Louis Figuier

d'abord pour le motif dont nous avons longuement parlé, à propos du rapport de M. le général Morin, c'est-à-dire celui de la production de l'oxyde de carbone, et aussi parce que l'air trop chaud qui circule sous les parquets, peut brûler ou roussir les boiseries. En général, il vaut mieux élever une grande quantité d'air à une température relativement basse, que de chauffer à une température élevée un faible volume d'air. Il faut donc une vaste chambre à air pour un petit foyer, et une large section pour les tubes qui conduisent l'air chaud.

Ces tubes doivent être isolés des boiseries par des couches de plâtre, peu conductrices de la chaleur, autant pour ne rien perdre de la chaleur produite, que pour éviter les voussures des bois, ou l'incendie.

Le grand inconvénient des calorifères de cave, c'est que les joints des tuyaux conducteurs de la fumée ne sont jamais parfaits. Quand ces joints se sont fendillés, l'air brûlé peut passer dans les conduits d'air pur, et l'on est exposé à respirer les gaz du charbon, c'est-à-dire l'acide carbonique et l'oxyde de carbone. Les joints sont fermés d'ordinaire avec de la terre de four. Mais pour obtenir une occlusion parfaite, il faudrait les boucher avec du *mastic de fonte*, et, si on le pouvait, faire usage de conduits sans aucune jointure, c'est-à-dire de conduits coulés tout d'une pièce en fonte.

Après ces considérations générales, passons à l'examen des principaux systèmes de calorifères de cave en usage aujourd'hui.

L'appareil de M. Talabot (*fig.* 192) est disposé de telle manière que l'air à chauffer parcoure successivement plusieurs tubes horizontaux disposés dans la chambre à air.

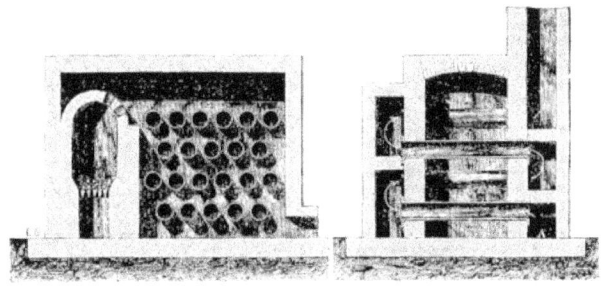

Fig. 192. — Calorifère Talabot.

La fumée remplit un espace à peu près cubique, BB, et s'y refroidit au contact des tuyaux d'air, avant de s'écouler dans la cheminée, C. L'ouverture de la cheminée est percée au bas de la maçonnerie. La fumée s'étale en couches de température uniforme, et descend à mesure qu'elle cède sa chaleur : la couche la plus basse et la plus fraîche est entraînée par le tirage.

Ce calorifère n'a qu'un défaut, c'est de tenir beaucoup de place.

Le calorifère le plus employé aujourd'hui à Paris, est celui qui a été imaginé par M. René Duvoir. Il doit cette préférence à une considération d'un ordre tout pratique : nous voulons parler de la facilité du ramonage.

Dans le calorifère que nous venons de décrire (*fig.* 192), la suie se répand dans tout l'espace compris à l'intérieur de l'enveloppe, excepté dans les tuyaux. On comprend combien il est difficile de nettoyer des surfaces si considérables et si diverses, formant des angles nombreux et des recoins auxquels il est difficile d'atteindre. Dans le calorifère de M. René Duvoir, la suie ne se dépose qu'à l'intérieur, régulièrement cylindrique, des tuyaux. Si l'on a eu soin de laisser un tampon à chaque extrémité rectiligne du circuit, il est facile de pratiquer le ramonage par les procédés ordinaires.

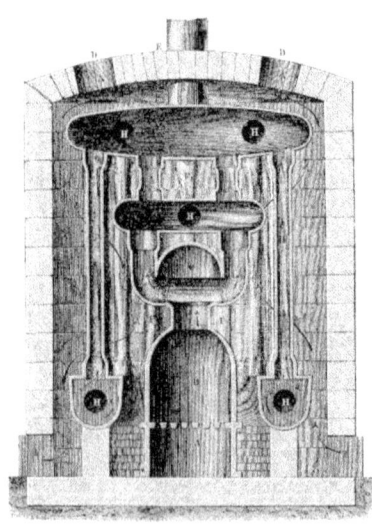

Fig. 193. — Calorifère de cave.

Louis Figuier

Un modèle perfectionné de ce genre de calorifère est représenté en coupe verticale dans la figure 193. Le foyer B, construit en briques réfractaires, est surmonté d'une enveloppe cylindrique en fonte, C, formant cloche à la partie supérieure. Du sommet de la cloche partent deux tuyaux horizontaux, qui bientôt se recourbent en FF. Là commencent deux circuits qui se croisent et qui sont formés de tuyaux H, H disposés horizontalement dans le fourneau, mais reliés alternativement en avant et en arrière par de petits conduits verticaux. La fumée descend dans les deux circuits, et, réunie vers le bas, s'échappe dans la cheminée, par le conduit de fumée N.

L'air extérieur arrive par les ouvertures souterraines E, E. Il chemine dans la chambre à air entre la maçonnerie et les conduits de la fumée, dans le sens indiqué par les flèches, et en sortant de la chambre à air, il est dirigé, par deux larges conduits, D, D, dans les appartements.

Ce calorifère, qui a reçu dans le commerce diverses modifications de peu d'importance, et dans lesquelles il serait inutile d'entrer, est en usage aujourd'hui dans les maisons et hôtels de la capitale, ainsi que dans les édifices publics.

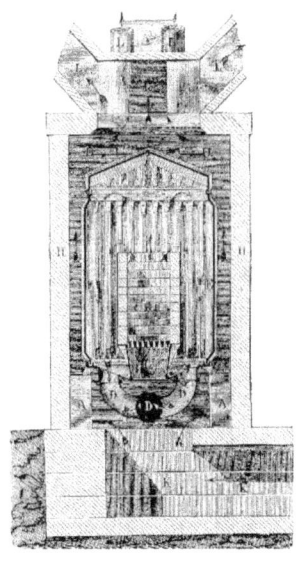

Fig. 194. — Calorifère Staib (coupe transversale).

Un calorifère de cave excellent est celui que l'on doit à M. F. Staib, de Genève.

L'inconvénient des calorifères de cave que l'on construit à Paris, c'est que la cloche de fonte rougit et *brûle* l'air, c'est-à-dire carbonise les miasmes organiques répandus dans l'air, ce qui donne une odeur désagréable et, ce qui est plus grave, expose à la formation de l'oxyde de carbone. Le calorifère de M. Staib, construit aujourd'hui par M. Weibel, son successeur, n'a pas cet inconvénient ; car la cloche dans laquelle brûle le combustible n'est pas en contact avec l'air. Elle est renfermée dans une enveloppe métallique, qui s'échauffe par le rayonnement de la cloche, mais ne rougit jamais. Cette enveloppe seule échauffe l'air pur de la chambre à air.

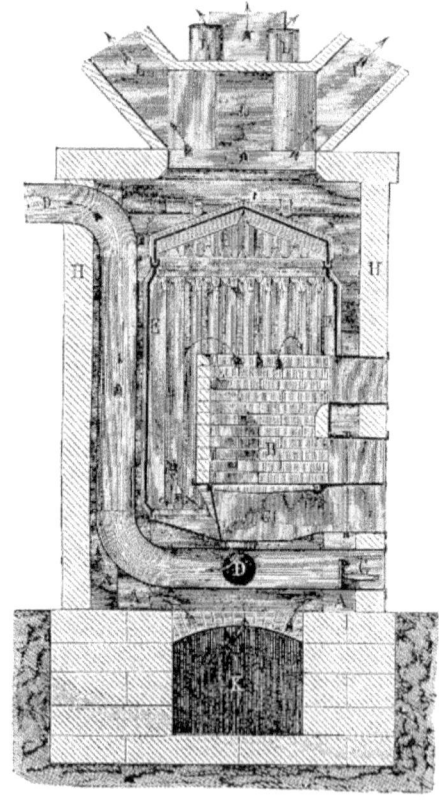

Fig. 195. — Calorifère Staib (coupe transversale).

Louis Figuier

Le constructeur a eu l'idée ingénieuse de multiplier la surface rayonnante de cette enveloppe en la munissant sur toutes ses faces de cannelures longitudinales.

Les figures 194, 195 et 196 représentent le calorifère de M. Staib, de Genève. B, est le foyer, construit en briques. Ce foyer est placé au milieu de la caisse de fonte EE, revêtue à l'extérieur de cannelures. L'air chaud sortant du foyer s'écoule à l'intérieur de la caisse de fonte EE, et passe, de là, dans la chambre à air, HH. De là il s'échappe par le tuyau de fumée LL, pour déboucher dans la cheminée. La prise d'air pur est au bas du foyer, en K.

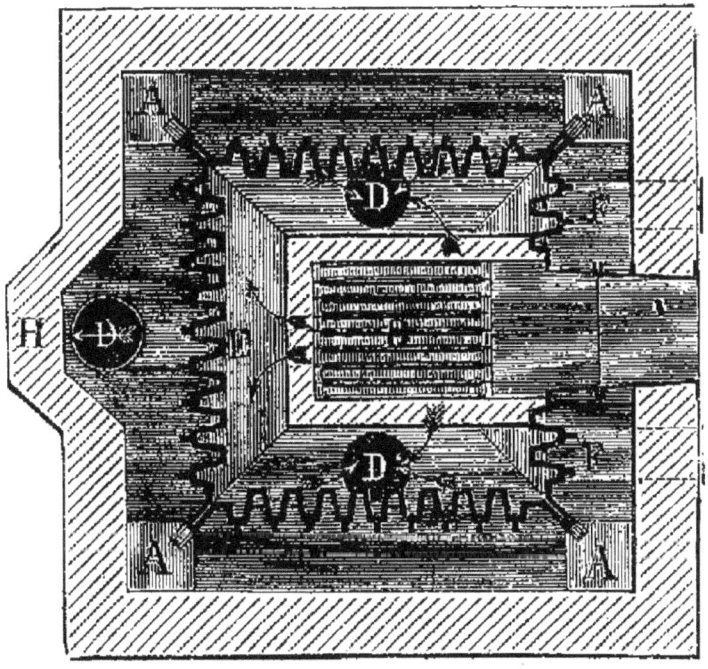

Fig. 196. — Calorifère Staib (coupe verticale à la hauteur de la grille du foyer).

La sortie de l'air qui s'est échauffé au contact des parois extérieures de la capacité de fonte EE, est dans le large tuyau L, qui se divise en deux branches, L', L', pour se rendre dans les appartements.

Une enveloppe épaisse, en maçonnerie, recouvre le tout.

Ajoutons qu'un bassin de métal plein d'eau est placé dans la chambre à air, reposant sur les consoles R, S, placées près de la sortie de l'air chaud. Cette eau, se réduisant en vapeurs par le courant d'air chaud, rend à l'air pur son humidité normale.

M. V. Ch. Joly, dans son ouvrage sur le *Chauffage*, fait, à propos de ce dernier appareil, des réflexions très-justes.

« Ce calorifère, dit M. Joly, est disposé dans une enveloppe garnie de nombreuses nervures donnant, sous un faible volume, une très-grande surface de chauffe et de transmission ; les assemblages sont disposés sur des parties planes et à bain de sable. Le foyer, placé au milieu de l'appareil, est à dilatation libre, et ne rougit jamais les surfaces métalliques en contact avec l'air extérieur ; il est d'une grande simplicité de construction et de nettoyage. À la partie supérieure se trouve un réservoir d'eau alimenté par un flotteur avec siphon et trop-plein.

« Il ne faut jamais oublier de faire établir ces appareils avec enveloppes doubles isolées l'une de l'autre et en briques creuses, l'enveloppe devant toujours être aussi fraîche que la cave elle-même. Au reste, il faut bien se rappeler que pour ces appareils, comme pour les poêles-calorifères en général, il est toujours préférable d'envoyer dans les pièces à chauffer une grande quantité d'air à une température moyenne de 30 à 50° plutôt qu'une petite quantité à une température élevée, comme on le fait généralement, par des orifices trop étroits, et, jusqu'à ce que la science nous ait suffisamment éclairés sur la perméabilité de la fonte, tâchons d'employer, quand ce sera possible, les surfaces céramiques pour la transmission de la chaleur. »

Dans une autre catégorie d'appareils qu'il nous reste à décrire, il n'y a plus de tuyaux à proprement parler, mais seulement des espaces limités par des surfaces de formes et de natures diverses, dans lesquels circulent les courants des deux gaz.

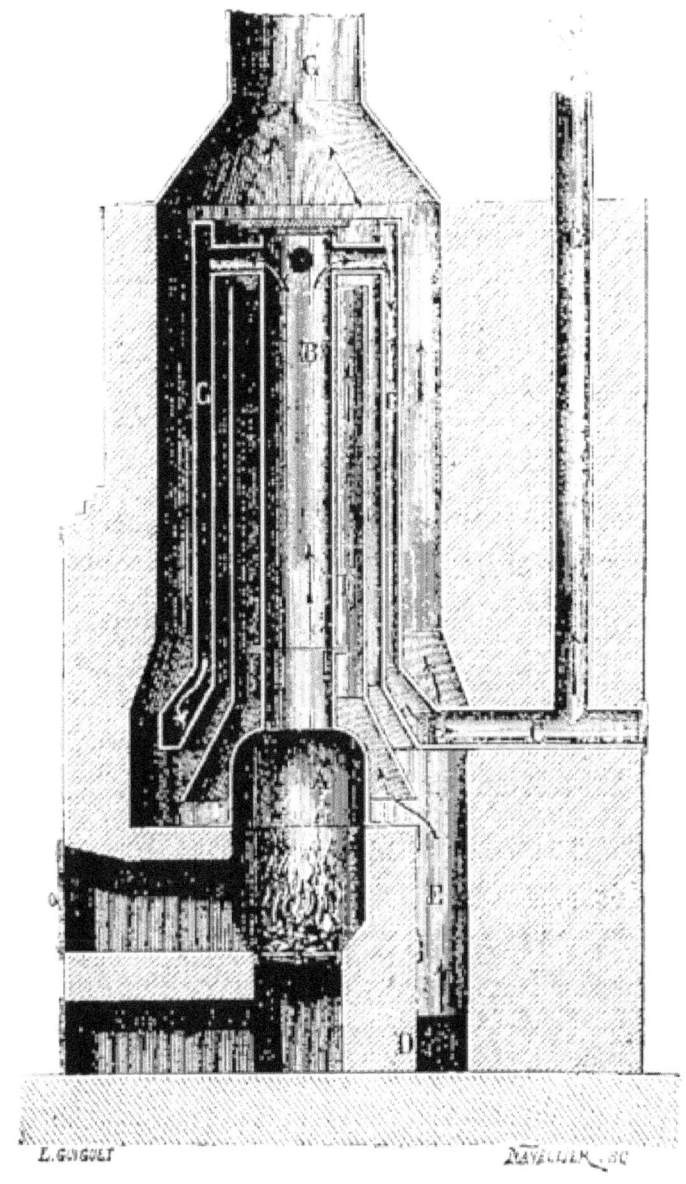

fig. 197. — Calorifère anglais.

À cette catégorie appartient la disposition représentée par la

CHAPITRE X

figure 197.

Trois cylindres emboîtés et concentriques, B, F, C, donnent quatre espaces annulaires, parmi lesquels deux sont affectés à la fumée, et deux à l'air à échauffer.

Les gaz du foyer s'élèvent dans le cylindre central, B, et redescendent dans le troisième espace, C, à mesure de leur refroidissement, et par couches isothermes ; puis ils s'échappent par la cheminée G. L'air du dehors pénètre par le bas du deuxième espace EF et du quatrième, lequel est compris entre la dernière enveloppe et la maçonnerie.

Cet appareil est excellent. Les joints ne se trouvent qu'à la partie supérieure ou à la partie tout à fait inférieure. On peut les rendre suffisamment étanches, en cachant l'extrémité des tuyaux dans des bains de sable. Pour pratiquer le nettoyage, il ne s'agit que d'ôter les couvercles de la partie supérieure. L'air qui s'élève dans le second espace marche dans le même sens que la fumée du cylindre central, et en sens inverse de la fumée du troisième espace ; l'air du quatrième espace a aussi un sens inverse de celui de la fumée. Cet agencement est très-avantageux, puisque les qualités résultant des deux manières se succèdent dans l'ordre voulu : en premier lieu, refroidissement rapide du tuyau central ; en second lieu, épuisement suffisant de la chaleur du troisième espace.

Une disposition plus extraordinaire est celle que présente la figure 198, donnant la coupe du calorifère destiné à chauffer le vaste hôpital du Derbyshire (Angleterre).

Louis Figuier

Fig. 198. — Calorifère de l'hôpital du Derbyshive.

Le foyer, L, est en forme de trémie, et entièrement construit en briques réfractaires. Il est surmonté d'une grande cloche en tôle A ayant 5 millimètres d'épaisseur. Les gaz de la combustion viennent remplir cet espace, puis s'écoulent par le conduit F, pratiqué dans la maçonnerie, pour se rendre à la cheminée. Une voûte de maçonnerie, BB, extérieure et concentrique à la cloche, est percée d'une grande quantité d'ouvertures, lesquelles reçoivent des tuyaux ouverts aux deux bouts, et dont l'extrémité intérieure

CHAPITRE X

vient affleurer la surface de tôle. La distance entre la maçonnerie et la cloche est de 20 centimètres, et la distance entre cette dernière et l'extrémité des tuyaux, est de 2 centimètres seulement.

Les murailles D, D, renferment tout l'appareil. Entre ces murailles et la voûte en maçonnerie, est une garniture enveloppant à l'extérieur le foyer A, et composée de tubes creux de tôle terminés par des tubes de terre dans la partie contiguë au foyer. L'air arrive du dehors par le canal C ; il s'échauffe au contact des petits tubes métalliques, monte entre les rangées de ces tubes, et arrive dans la chambre M, entre la voûte et les murs extérieurs. Une large cheminée H le distribue ensuite entre les diverses salles de l'hôpital.

Dans la figure 198 qui représente cet appareil, L est le foyer, N la grille, F l'ouverture du fourneau pour l'introduction du combustible.

Le rendement calorifique de ce curieux appareil est inférieur à celui des calorifères ordinaires, mais aucune surface de fonte n'entrant dans sa construction, l'air chauffé ne peut jamais être vicié par la présence de l'oxyde de carbone.

Les Anglais se défient beaucoup des divers modes de chauffage préconisés pour les grands établissements d'assistance publique. Comme nous le dirons dans la Notice sur la *Ventilation*, les fenêtres de la plupart de leurs hôpitaux sont maintenues ouvertes pendant presque toute la saison d'hiver, quels que soient le temps et la température extérieure, et quelle que soit la nature des maladies à traiter. Les chirurgiens anglais attribuent une bonne part de leurs succès à cet usage. Si le calorifère de l'hôpital du Derbyshire eût donné prise au moindre reproche d'insalubrité, on l'eût depuis longtemps supprimé.

Les *calorifères à air chaud* ou *calorifères de cave*, dont nous venons de présenter les types entrés dans la pratique, sont des appareils de chauffage excellents au point de vue de l'économie. C'est pour cela qu'ils se sont généralement répandus, et qu'aujourd'hui on ne construit guère de maisons à Paris sans les munir d'un de ces appareils. Le fourneau et les tuyaux de distribution se bâtissent en même temps que les murs et les cloisons, ce qui dispose encore plus l'architecte à adopter ce système.

Cependant les calorifères de cave ne sont pas exempts

d'inconvénients. Ils provoquent souvent des maux de tête, un sentiment de malaise, de sécheresse de la gorge, et même des effets de congestion. À quoi attribuer ce résultat fâcheux ? Sans doute à la cause que nous avons longuement discutée à propos des poêles, c'est-à-dire à la production de l'oxyde de carbone par la fonte rougie, qui décompose l'acide carbonique de l'air. Peut-être aussi l'oxyde de carbone et l'acide carbonique provenant du foyer, peuvent-ils transsuder à travers la cloche de fonte, passer dans les tuyaux d'air pur et se déverser dans les pièces. Enfin, si les joints des tuyaux de tôle, dans lesquels circule l'air brûlé sortant du foyer, sont faits négligemment, ce qui est le cas habituel, les gaz du charbon passent dans les tuyaux d'air pur, qui déversent ainsi dans les pièces de l'oxyde de carbone et de l'acide carbonique. Ces gaz produisent chez les personnes qui le respirent, les effets ordinaires de la vapeur de charbon, c'est-à-dire une sorte d'asphyxie, précédée de sécheresse à la gorge, de mal de tête et de malaise.

Quoi qu'il en soit, bien des personnes sont incommodées par les calorifères à air chaud, et si l'on nous permet de nous citer en exemple, nous dirons que nous n'avons jamais pu supporter l'effet d'un calorifère à air chaud établi dans notre maison. Au bout de quelques heures, la sécheresse de la gorge, les pesanteurs de tête, le refroidissement des pieds, la rougeur de la face, nous avertissent des inconvénients de ce système. Attribuant ces effets à la dessiccation de l'air, à l'absence de l'humidité normale, nous prîmes le parti, en 1869, de faire placer dans la chambre à air du calorifère, un bassin de tôle, capable de contenir 50 litres d'eau. M. Anez, architecte du palais de Meudon, qui s'est consacré à répandre à Paris cet excellent système, voulut bien diriger lui-même cette petite installation. L'air chaud envoyé par le calorifère pourvu du bassin plein d'eau, est devenu convenablement humide, et les effets de sécheresse ont disparu. Mais le remède n'a pas été complet, car l'air est toujours chargé de gaz nuisibles, et les maux de tête et les effets congestifs ont persisté. Nous avons donc pris le parti de supprimer l'usage du calorifère.

De tout cela, nous concluons qu'il y a dans la disposition des calorifères à air chaud, un vice fondamental, vice que la science n'explique pas encore d'une manière satisfaisante, mais qui doit provenir de l'imparfaite occlusion des tuyaux qui laissent mélanger dans le fourneau le gaz de charbon avec l'air envoyé dans les appartements, ou bien de la transpiration du gaz oxyde de carbone à travers la cloche de fonte du fourneau, ainsi que l'ont établi pour les poêles les observations du docteur Carret, de Chambéry, et les expériences confirmatives faites par M. le général Morin, en 1869.

CHAPITRE XI

PRINCIPE DU CHAUFFAGE PAR LES CALORIFÈRES A VAPEUR. — AVANTAGES DE CE SYSTÈME. — GÉNÉRATEURS, TUYAUX, JOINTS, SOUPAPES, RENIFLARD, SOUFFLEUR, COMPENSATEURS. — RETOUR DE L'EAU À LA CHAUDIÈRE. — POÊLE À VAPEUR. — POURQUOI CE MODE DE CHAUFFAGE N'A PAS PRIS GRANDE EXTENSION.

Un kilogramme d'eau à la température de 0° qu'on élève à la température de 100 degrés, prend au combustible 100 calories, ou unités de chaleur. À ce point l'ébullition commence, la température du liquide reste stationnaire, et le kilogramme d'eau absorbera encore 540 calories, pour se transformer entièrement en vapeur possédant la même température de 100 degrés. D'autres calories pourront ensuite être employées à dilater ce volume de vapeur, ou à augmenter sa pression si elle est renfermée dans un espace clos.

Si à ce moment, on cesse de chauffer et qu'on laisse la vapeur se refroidir, elle cédera, en premier lieu, la dernière chaleur ajoutée, et perdra sa dilatation, ou sa pression ; puis, arrivée à la température de 100 degrés, elle repassera à l'état liquide, et rendra les 540 calories, qui, de l'état liquide, l'avaient fait passer à l'état de vapeur. L'eau liquide possédera la température de 100 degrés ; enfin, cette eau, en se refroidissant jusqu'à la température primitive de zéro, perdra les 100 calories qui lui restaient.

On aura donc retrouvé intégralement la chaleur communiquée à l'eau par le combustible du foyer.

Supposons, maintenant, qu'une certaine quantité d'eau soit chauffée dans une chaudière close, à laquelle serait adapté un tuyau qui conduirait la vapeur produite, dans un local quelconque, situé à une certaine distance. La vapeur, en se refroidissant et en se condensant dans ce local, cédera entièrement sa chaleur ;

le local s'échauffera et profitera de toute la chaleur fournie par le combustible.

Tel est le principe physique du chauffage par la vapeur d'eau, principe bien simple et que connaissent déjà nos lecteurs.

Un calorifère à vapeur se compose donc : 1° d'une chaudière ordinaire, ou *générateur* ; 2° d'un certain trajet de tuyaux, pourvus d'enveloppes peu conductrices, pour ne rien perdre de la chaleur qu'ils transportent dans les salles à chauffer ; 3° d'appareils divers, à surfaces rayonnantes, dans lesquels la vapeur se refroidit et se condense, et qui chauffent ainsi les pièces d'appartement. On peut encore ajouter certaines dispositions particulières, ayant pour objet de ramener à la chaudière l'eau condensée dans les appareils de chauffage.

Le système de chauffage par la vapeur d'eau, n'est point absolument nouveau. Basé sur des faits élémentaires de la physique, il a dû être mis en pratique en même temps que le chauffage des liquides au moyen de la vapeur dans les usines industrielles. Cependant cette méthode n'a pris une place sérieuse dans la science et dans l'industrie, que depuis les remarquables travaux de l'ingénieur anglais Tredgold, consignés dans son ouvrage, *Principes de l'art de chauffer et d'aérer.*[1]

Les principaux avantages du calorifère à vapeur sont de tenir moins de place dans les habitations que les calorifères à air chaud, et pour cette raison, de pouvoir être installés plus facilement dans les maisons anciennement construites ; de porter la chaleur plus rapidement, plus sûrement et plus loin. On a pu chauffer par ce moyen des locaux situés à plusieurs centaines de mètres des générateurs, et il n'y a, d'ailleurs, aucune limite à cette distance, si la pression dans la chaudière est suffisante, et si les tuyaux qui transportent la vapeur sont parfaitement étanches et bien isolés.

Avec le chauffage à la vapeur les surfaces rayonnantes n'étant jamais portées à une haute température, on n'a plus à craindre l'incendie, ni surtout la viciation de l'air.

Nous lisons dans l'ouvrage de Tredgold :

---

1 *Principes de l'art de chauffer et d'aérer les édifices et les maisons d'habitation*, par Thomas Tredgold, traduit de l'anglais sur la deuxième édition par T. Duverne. Paris, 1825, un volume in-8.

CHAPITRE XI

« Le docteur Ure remarque que les ouvriers qui travaillent dans des séchoirs échauffés par la vapeur, jouissent d'une très-bonne santé, tandis que ceux qui étaient auparavant employés au même ouvrage dans des salles chauffées avec des poêles, devenaient bientôt maigres et valétudinaires.[1]»

Tredgold montre encore, en citant quantité de faits à l'appui, que les plantes chauffées dans les serres, avec les appareils à vapeur, supportent à merveille la saison d'hiver, tandis que, chauffées au moyen des poêles, elles dépérissent bientôt, et s'étiolent, comme empoisonnées.

Depuis les travaux de Tredgold, l'usage de chaufferies serres avec des tuyaux de vapeur a prévalu. Les tuyaux de vapeur ont été presque partout adoptés pour le chauffage des serres en hiver. Les appareils qui servent à cet usage portent le nom de *thermo-siphon* dans l'art de l'horticulture. Ce mode de chauffage des plantes a été reconnu par l'expérience, supérieur à tous les autres.

Un système de chauffage manifestement propice à l'entretien des végétaux, ne peut être qu'avantageux pour l'homme, sous le rapport de la salubrité. Cette prévision a été confirmée par l'expérience, et le chauffage à la vapeur est assurément le plus salubre dans les habitations.

Quant à la question d'économie, elle est plus difficile à résoudre en sa faveur ; mais la comparaison entre les différents systèmes serait assez difficile à établir avec sûreté. L'installation d'un calorifère à vapeur est plus coûteuse que celle d'un calorifère à air chaud, et elle doit être dirigée par un architecte habile. Nous ne voyons là d'ailleurs rien à regretter. Il faut, au contraire, s'applaudir que ce système de chauffage des habitations ne soit pas tombé, comme celui des calorifères de cave, dans le domaine d'industriels ignorants, qui font plus de mal que de bien avec leurs appareils mal construits, et qui ne chauffent les appartements qu'à la condition de vicier ou d'empoisonner l'air respirable.

Nous emprunterons (*fig.* 199) à l'ouvrage de Tredgold, une planche représentant deux coupes longitudinales d'une fabrique de soie, ayant appartenu à MM. Shute et compagnie, et située à Watford, dans le comté de Hest.

---

1 *Principes de l'art de chauffer et d'aérer*, p. 23.

Louis Figuier

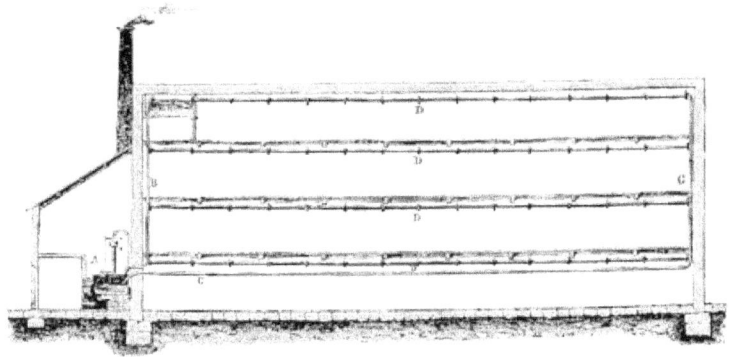

Fig. 199. — Système de chauffage à la vapeur de la fabrique de soie de Watford.

Cette fabrique était d'abord chauffée par treize poêles en fer. Les nombreux tuyaux de ces poêles déversaient la fumée par les fenêtres ou par les toits. En 1817, les propriétaires firent construire le calorifère à vapeur par MM. Bailey, d'Holborn, et cet appareil marcha d'une manière très-satisfaisante.

La chaudière qui fut installée dans un hangar, était de la capacité de 1 076 litres. Un premier tuyau vertical B portait la vapeur jusqu'au haut de la maison dans le réservoir R. Quatre tuyaux, D, D, D, D, embranchés à angle droit sur ce tuyau vertical, couraient dans les quatre étages, jusqu'à l'extrémité de la fabrique. On les avait suspendus au plafond, parce que, les machines encombrant les salles, on n'avait pas trouvé d'autre place. Leurs diamètres étaient inégaux ; ils décroissaient depuis l'étage le plus élevé jusqu'au rez-de-chaussée. La vapeur se condensait dans ces différents tuyaux, et grâce à une légère pente, l'eau s'écoulait dans le tuyau, CC, et retournait à la chaudière, A.

Le réservoir, R, était rempli d'eau que la vapeur chauffait, et qui servait dans la fabrique à différents usages.

« Il y avait très peu de facilité pour l'arrangement de cet appareil dans cette fabrique, depuis longtemps construite, et encombrée par des machines, dit Tredgold ; cependant celui qu'on y a placé n'en a pas moins de très-grands avantagea, il a premièrement celui d'avoir diminué considérablement la prime d'assurance que les propriétaires payaient pour la fabrique ; 2° celui de s'être débarrassé de la fumée, de la suie, des cendres et de la poussière qui nuisaient auparavant beaucoup à la soie ; 3° d'économiser du combustible, et d'exiger moins de soin pour le feu ; 4° de donner une chaleur égale au lieu de la chaleur partielle des poêles, et d'entretenir un courant régulier d'air frais dans la fabrique chauffée par le grand tuyau ; 5° l'ouvrage se fait sans interruption, et avec une chaleur convenable ; 6° les enfants n'ont plus d'engelures en hiver, ce qui, peut-être, est dû en partie à ce qu'ils peuvent se laver les mains dans l'eau chaude. »

La naïveté de ce dernier trait complète le tableau, et montre que Thomas Tredgold n'oublie rien.

Cet appareil, quoique fort ancien et assez imparfait, donne pourtant une idée suffisante de l'ensemble des dispositions qui constituent un calorifère à vapeur. Entrons maintenant dans la description plus approfondie des différentes parties de ce système de chauffage.

Nous avons peu de choses à dire de la chaudière destinée à fournir la vapeur d'eau. Le lecteur pourra se reporter à la partie de cet ouvrage où nous avons traité des machines à vapeur. Dans le cas actuel, on pourra se servir d'une chaudière à bouilleurs, ou plus simplement, d'une chaudière à fond plat. Les générateurs en cuivre sont moins sujets que ceux en tôle à l'incrustation et à l'oxydation. Il n'est pas nécessaire de leur donner une grande résistance, car ces appareils, quelle que soit la longueur, et par conséquent la résistance des tuyaux, ne marchent jamais à une pression de plus d'une demi-atmosphère.

Les tubes qui conduisent la vapeur, sont communément placés dans des conduites recouvertes de plaques de fonte mobiles, pour qu'il soit facile de les visiter et de les réparer. Pour les préserver du refroidissement, on peut les entourer d'un feutre épais, mais léger, ou les revêtir de l'enduit plastique recommandé par Tredgold et composé d'un mélange de plâtre, de bourre et de terre ; mais le mieux est de remplir les caniveaux de poils de vache, ou de toute autre matière peu conductrice de la chaleur.

Le diamètre de ces tuyaux n'est pas arbitraire. Trop étroits, ils opposeraient une grande résistance au passage de la vapeur, et nécessiteraient une augmentation de pression, qui serait nuisible au point de vue de l'économie du combustible, et augmenterait les dangers d'explosion. Trop larges, ils occasionneraient, par leur surface plus grande, une déperdition de chaleur pendant le trajet de la vapeur, malgré toutes les précautions que l'on pourrait prendre pour les bien isoler. Les tuyaux larges ont encore un autre défaut, relatif à la difficulté de l'expulsion de l'air, et sur lequel nous nous expliquerons plus loin.

M. Grouvelle pose la règle suivante : « Le diamètre intérieur du tuyau doit être égal à un minimum de 35 millimètres, augmenté de 1 millimètre et demi par force de cheval du générateur employé, ou de la vapeur qui doit passer par ce tuyau. »

Le métal qui compose ces tuyaux, ainsi que leur épaisseur, sont sans importance relativement à la déperdition de la chaleur. Les gros sont en fonte, les petits en cuivre ou en fer étiré. Des tuyaux en plomb ou en zinc, métaux trop mous, seraient bientôt hors de service.

La question importante et délicate est celle des joints. Souvent la tête renflée d'un tuyau reçoit l'extrémité du tuyau suivant, comme le montre la figure 200. L'espace annulaire qui reste entre les deux parois, est rempli avec du mastic de fonte, mastic composé de fines rognures de fonte, de soufre pulvérisé et d'huile. Le soufre se combinant au fer de la fonte, donne du sulfure de fer, qui adhère très-bien aux métaux. Au bout d'un jour ou deux le joint est solide.

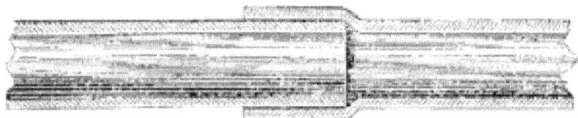

Fig. 200. — Raccordement des joints.

Cependant, ces joints peuvent se séparer par les mouvements qui résultent des dilatations du métal, ou par les tractions diverses résultant de leur poids. On conseille donc de faire l'ouverture du renflement plus étroite que le fond, et de laisser un peu d'intervalle entre les deux bouts des deux tuyaux, parce que le mastic, en se solidifiant, augmente considérablement de volume, et, sous une grande épaisseur, il ferait, en se dilatant, éclater la tête renflée du tuyau.

Divers autres moyens plus simples, ont été proposés pour opérer la jonction des tuyaux. On a conseillé de terminer les tuyaux par des collets, entre lesquels on place des rondelles, qu'on serre fortement par des boulons. Si les collets ont été tournés, on peut se contenter de placer entre eux une rondelle de papier trempé dans du sel marin ; les surfaces métalliques s'oxydent, et le joint devient très-solide. Si les joints doivent être défaits de temps en temps, il faut employer des rondelles d'étoupe tressées et trempées dans du suif fondu. Mais la jointure la meilleure consiste à comprimer fortement entre les collets tournés, un anneau fait d'un fil de cuivre rouge épais de 1 à 2 millimètres ; le cuivre s'écrase régulièrement sur tout le pourtour, et forme un joint hermétique.

Quand les tuyaux n'ont pas une pente régulière, et toujours dans le même sens, les eaux de condensation se réunissent dans les fonds, et ferment le passage à la vapeur. Cette vapeur s'accumulant derrière l'obstacle, la pression s'élève rapidement, l'eau est chassée avec force, et comme par un choc ; puis, de nouveau, le liquide bouche le tuyau, et le choc se reproduit. Ces secousses répétées ébranlent les joints, et finissent toujours par les rompre. De tout cela résulte un bruit désagréable, et quelquefois inquiétant pour les habitants de la maison.

Lorsque la disposition des bâtiments ne permet pas de conserver aux tuyaux une pente constante, il faut munir les points où l'eau s'arrête, de robinets pour son évacuation, ou mieux embrancher à ces points les tubes de retour qui ramènent l'eau au générateur.

La direction à adopter pour les pentes en général est indiquée dans la figure 199 que nous avons empruntée à l'ouvrage de Tredgold. La chaudière est située au point le plus bas de l'appareil ; un tube vertical porte, du premier coup, la vapeur à l'endroit le plus élevé de chaque circuit partiel. Là, commence la condensation. L'eau qui s'écoule marche dans le même sens que la vapeur, et celle-ci par sa pression hâte le retour de l'eau au générateur. Si les pentes douces commençaient immédiatement à la chaudière, l'eau liquide coulerait en sens inverse de la direction de la vapeur ;

Louis Figuier

le souffle gazeux toujours très-puissant, surtout au voisinage du foyer, tendrait à le refouler vers les parties élevées, la lumière du tube serait tout au moins diminuée, et souvent apparaîtraient les phénomènes de secousse et de vibration dont nous avons parlé.

Lorsque l'eau de condensation revient à la chaudière, par un tube qu'elle remplit incomplètement, sa rentrée dans le générateur peut se faire, parce qu'une certaine quantité de vapeur se dégage par ce même tube, et que la pression dans le générateur n'est ni augmentée ni diminuée, mais, alors, on s'expose aux inconvénients de la marche en sens inverse de deux courants. Si l'eau remplissait le tube, elle aurait à vaincre la pression de la chaudière pour y pénétrer, et l'écoulement ne se produirait que lorsque la colonne liquide serait d'une hauteur suffisante ; mais, aussitôt qu'un peu d'eau aurait coulé, le poids de la colonne serait insuffisant à vaincre la pression, et le retour de l'eau serait arrêté. On aurait ainsi un écoulement intermittent, irrégulier, soumis à toutes les variations de pression ; et si cette pression éprouvait un accroissement brusque, la colonne d'eau serait chassée avec force dans les tuyaux, et irait heurter les coudes, disloquer les joints. On peut dire que constamment l'eau serait en mouvement, et que pendant toute la durée du chauffage l'appareil éprouverait des vibrations désagréables et des secousses dangereuses.

À cause des difficultés du problème pour certains calorifères, les constructeurs ont préféré supprimer le retour à la chaudière, et perdre l'eau au bout du trajet ordinaire des tuyaux.

Il vaut mieux cependant, si l'on ne veut pas faire revenir l'eau de condensation dans la chaudière, ne pas la perdre entièrement. À cet effet, on la réunit dans des bâches, d'où on la prend pour servir à l'alimentation de la chaudière. Quand le chauffeur, par l'inspection du niveau d'eau, juge que le générateur a besoin d'eau, il aspire, à l'aide d'une pompe, ou à l'aide d'un *injecteur Giffard*, semblable à ceux qui sont usités dans les locomotives, l'eau chaude tenue en réserve dans les bâches.

Quand on cesse d'alimenter le foyer, que la vapeur se refroidit et se résout en eau dans les circuits, un vide se forme dans tout l'appareil, et si on ne laissait rentrer l'air dans les tubes, ils courraient le risque d'être écrasés par la pression extérieure de l'atmosphère.

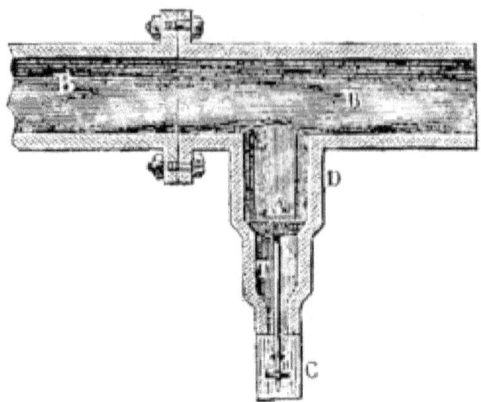

Fig. 201. — Reniflard.

La rentrée de l'air se fait par un petit mécanisme appelé *reniflard*, que représente la figure 201. Il se trouve à la partie inférieure du tube horizontal. Le reniflard se compose d'une petite tige t, qui peut se mouvoir verticalement dans un tube, CD, rétréci vers le bas, et qui porte une soupape, A, à son extrémité supérieure, ainsi qu'un arrêt à son extrémité. Quand la pression est plus grande dans le tuyau BB qu'à l'extérieur, la soupape presse contre la portion rétrécie du petit tube vertical CD, et ferme le passage à la vapeur. Quand, au contraire, la pression intérieure a diminué par suite de la condensation de la vapeur, l'air presse contre la soupape, la fait remonter, et pénètre dans l'appareil.

Il y a donc presque toujours de l'air dans les tuyaux lorsqu'on commence à chaufferie calorifère. Or, cet air n'est pas sans inconvénients. Les premières bouffées de vapeur circulent dans les tubes, en mince filet, par leur portion centrale, ce qui est facile à comprendre, parce que l'air a contracté une adhérence avec la paroi métallique, et que si la vapeur arrivait au contact de cette paroi froide, elle se condenserait, et ne serait plus de la vapeur. Ce filet de vapeur chemine péniblement en comprimant légèrement les couches d'air ; puis le mince courant s'élargit graduellement, presse l'air davantage, et les choses se passent comme si le diamètre du tube était diminué. Cet état dure longtemps, jusqu'à ce que, les molécules d'air ayant été détachées une à une par la force croissante du courant de vapeur, il n'en reste presque plus dans la portion du tube considéré.

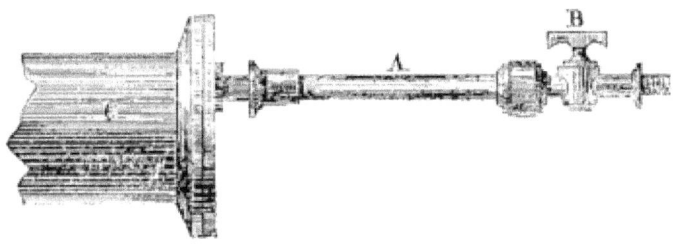

Fig. 202. — Souffleur du calorifère à vapeur.

D'autre part, quand on commence à chauffer l'appareil, les tubes sont pleins d'air, et il faut donner issue à cet air. À cet effet, on établit sur certains points des circuits, des *souffleurs*, semblables à celui que montre la figure 202. Ce sont, tout simplement, de petits tubes, A, pourvus d'un robinet, B, et soudés au tuyau de vapeur C. On a soin de tenir le robinet ouvert pendant les premiers instants du chauffage, et l'air sort par un jet, qui bientôt se mêle de vapeurs. Quand on voit qu'il ne sort plus que de la vapeur pure, on ferme le robinet, et tout l'air est expulsé.

Quand les tuyaux sont très-larges, il devient difficile d'en expulser l'air, parce que le volume à chasser est plus considérable, et que les tuyaux sont plus longs à chauffer. Cela est si vrai que, pour certains calorifères, on est obligé de laisser ouverts les robinets des *souffleurs* pendant toute la durée du chauffage.

L'air, quand il persiste à l'intérieur du calorifère à vapeur, a l'inconvénient d'isoler, comme nous l'avons dit, la vapeur de la paroi métallique, et d'empêcher ainsi son refroidissement et sa condensation. Un calorifère dont les tuyaux seraient constamment matelassés d'air, ne chaufferait que très-peu, et serait presque inutile.

CHAPITRE XI

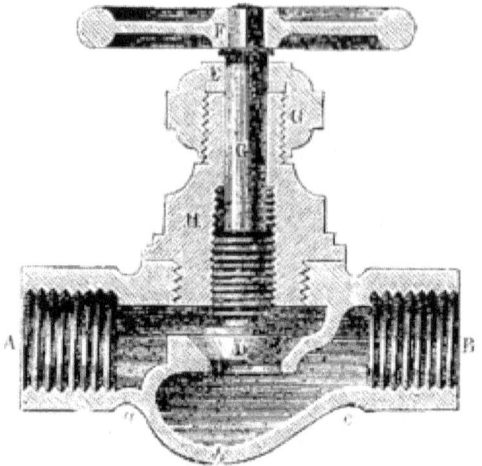

Fig. 203. — Soupape du calorifère à vapeur.

Pour ne pas chauffer inutilement toutes les salles de l'édifice, on n'amène la vapeur que là où la chaleur est nécessaire ; les autres circuits sont fermés à l'aide de soupapes. La figure 203 montre la disposition d'un système très-commode de soupape, importé d'Amérique, et aujourd'hui fort employé. La soupape, D, est pourvue d'une vis, H, portée sur une tige G, que l'on manœuvre avec une manivelle. La tige de la manivelle traverse une boîte à étoupes EG. La lumière du tuyau AB est coupée par un diaphragme métallique élastique coudé, abc. Quand on veut établir la communication du tuyau avec le reste du circuit, on tourne la manivelle qui presse le diaphragme et découvre la lumière du tube. Si l'on veut interrompre la communication, on tourne la manivelle dans l'autre sens, pour laisser agir l'élasticité du diaphragme métallique, qui, se relevant, ferme le tuyau.

Ces soupapes sont reliées aux tubes, par des joints, dans les points convenables.

Sous l'influence de la chaleur, les tuyaux se dilatent et s'allongent. L'accroissement dans le sens du diamètre est insignifiant, et ne doit pas entrer en ligne de compte ; mais l'allongement vertical est fort sensible. Dans la plupart des cas, il faut y songer et y pourvoir en mettant l'appareil en place.

On calcule qu'une longueur rectiligne de 20 mètres de tuyaux de fonte, s'accroît d'un peu plus de 2 décimètres pour une différence de température de 100 degrés. La force avec laquelle cette dilatation s'opère, est énorme, et s'y opposer serait insensé. Les murs les plus solides seraient renversés, ou bien les tuyaux se briseraient. C'est ce qui arriva quand on posa les tubes du calorifère à vapeur qui fut établi au palais de la Bourse de Paris, sous la direction d'une commission dont d'Arcet faisait partie. Les tubes n'ayant pas tout l'espace voulu pour leur allongement, vinrent presser contre les bâches pleines d'eau, et les brisèrent.

Les tubes verticaux, en s'allongeant, tendent à soulever les extrémités des colonnes horizontales des tubes qui y aboutissent. Si les portions soulevées sont suffisamment longues, les tubes peuvent se rompre, ou les joints se séparer. Il faut donc absolument établir sur le trajet des tubes porteurs de vapeur des *compensateurs*.

On donne ce nom à certaines parties du circuit, destinées à subir, sans se rompre, tout l'effort de la dilatation. Tel est l'appareil représenté par la figure 204. Les deux tuyaux A et B sont reliés par les deux petits tubes de cuivre EGF et E′G′F′, lesquels sont repliés de manière que leur longueur soit quatre ou cinq fois plus considérable que la distance qui sépare les tuyaux C et D. Quand ces deux tuyaux se rapprochent, la flexion est répartie à peu près également sur toute la longueur des petits tubes recourbés, et l'élasticité du cuivre résiste très-bien à ces mouvements.

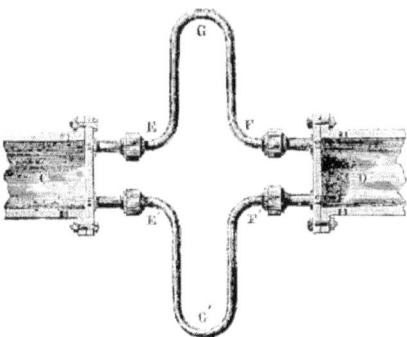

Fig. 204. — Compensateur du calorifère à vapeur.

Le tube supérieur (E G F) conduit la vapeur, tandis que le tube inférieur (E′ G′ F′) sert de passage à l'eau de condensation.

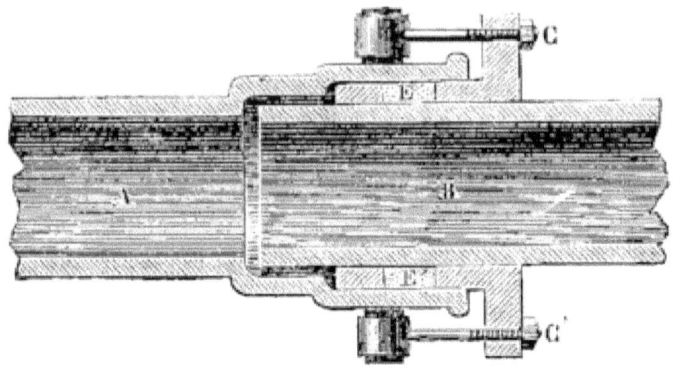

Fig. 205. — Autre compensateur.

La figure 205 montre en coupe un compensateur tout aussi simple. Un bout de l'un des tuyaux, A, est renflé et alézé, pour recevoir l'extrémité de l'autre tuyau, B ; celle-ci joue dans une boîte à étoupes, EE′, maintenue par deux tiges à boulons, C, C. Cette extrémité peut, de cette manière, avancer ou reculer sans compromettre l'herméticité du joint et la solidité de l'appareil.

Les boîtes à glissement doivent être fréquemment visitées et graissées à nouveau, pour que les mouvements soient toujours faciles. L'accident de la Bourse arriva parce qu'on avait négligé ces précautions, et que les compensateurs, s'étant oxydés, avaient cessé de fonctionner.

Il nous reste à parler des appareils qui, placés dans les appartements, doivent y répandre la chaleur apportée par les tuyaux de vapeur, c'est-à-dire des *poêles à vapeur.*

Les *poêles à vapeur* sont de vastes récipients affectant la forme d'un poêle ordinaire, et dans lesquels circule la vapeur.

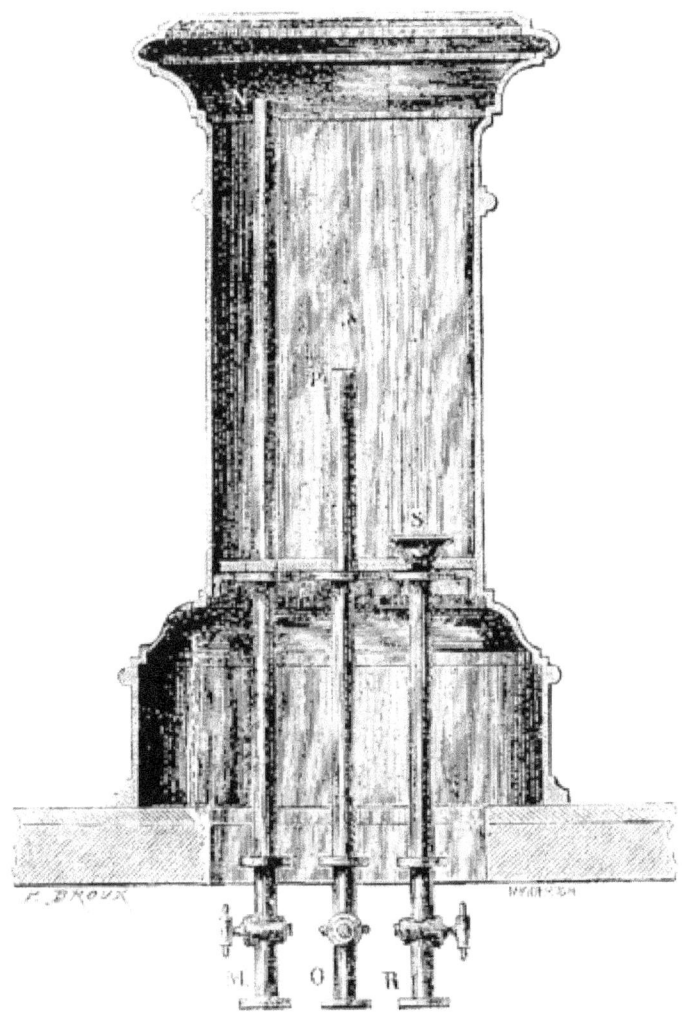

Fig. 206. — Poêle à vapeur.

La figure 206 représente le poêle à vapeur. Trois tubes traversent le pied du poêle, et pénètrent dans son intérieur. Celui du milieu, OP, amène la vapeur de la chaudière ; le second, MN, sert à l'écoulement de l'eau condensée et au départ de la vapeur ; le troisième, RS, est un *tube souffleur* destiné à évacuer l'air au moment où commence le chauffage.

La quantité de la chaleur transmise au poêle dépend surtout de la grandeur de la surface rayonnante, mais aussi, dans une certaine mesure, de la nature du métal et de l'état de sa surface. La couleur, quoi qu'on en ait dit, est à peu près sans influence, puisqu'une surface déterminée condense la même quantité de vapeur, et, par conséquent, émet le même nombre de calories, qu'on l'ait noircie avec de la plombagine, ou qu'on l'ait recouverte d'une couche épaisse de colle de poisson.

Les métaux polis rayonnent moins de chaleur que les métaux rugueux.

Les tubes verticaux rayonnent plus que les tubes horizontaux, parce que tout leur pourtour est également chaud, tandis que dans ces derniers, l'eau de condensation et la vapeur froide recouvrent la paroi inférieure et diminuent son action.

Le tableau suivant montre dans quelles limites les causes précitées font varier l'efficacité des tubes chauffeurs. On a supposé toutes ces surfaces exposées librement à l'air durant une heure, et grandes de 1 mètre carré, la température ambiante étant de 15 degrés.

La fonte nue en tuyau horizontal condensera	1	^{kil},	81	de vapeur
La fonte noircie	1		70	
Le cuivre nu en tuyau horizontal	1		47	
Le cuivre noirci en tuyau vertical	1		98	
La tôle neuve	1		80	
La tôle rouillée	2		10	
Le cuivre noirci en tuyau horizontal	1		70	

M. Péclet a fait de belles expériences sur le refroidissement des corps, dans le but de déterminer la quantité de chaleur qu'il faut donner à une salle quelconque, pour chauffer, par les plus grands froids, au moyen de la vapeur. Nous renvoyons à son ouvrage pour ces détails tout à fait techniques. De ces expériences, il résulte qu'une surface rayonnante de 1 mètre carré, chauffée

Louis Figuier

intérieurement par la vapeur, peut maintenir, dans tous les cas, à une température de 15 degrés, une salle construite à la manière ordinaire, et grande de 66 à 70 mètres cubes, ou un atelier de 90 à 100 mètres cubes de capacité.

Si les calorifères à vapeur n'ont pas pris jusqu'ici une grande extension, c'est que leur installation est coûteuse et délicate et que les réparations qu'ils exigent sont difficiles. Il faut un chauffeur pour surveiller et diriger constamment l'appareil ; enfin les bruits et les vibrations que produit la condensation, sont désagréables.

À Paris le palais de la Bourse, la manufacture des Tabacs, et quelques autres établissements publics, sont chauffés par ce système. Mais on ne pourrait songer à chauffer par ce moyen les maisons particulières, parce que le foyer doit être dirigé avec un soin et une habileté que peut seul posséder un chauffeur intelligent.

Nous verrons bientôt que le chauffage par la vapeur d'eau a été combiné de la manière la plus heureuse, par M. Grouvelle, avec le chauffage par l'eau liquide. C'est le système qui fonctionne à la prison de Mazas, à l'hospice Lariboisière à Paris et dans un grand nombre d'édifices publics, ainsi que dans quelques habitations particulières. Mais avant de parler de ce système mixte qui répond à tous les besoins de chauffage des grands édifices, nous aurons à étudier le chauffage par les calorifères à eau chaude.

CHAPITRE XII

L'INVENTION DE BONNEMAIN. — PRINCIPE DU CALORIFÈRE À CIRCULATION D'EAU CHAUDE. — CALORIFÈRE À AIR LIBRE. — APPAREIL DE M. LÉON DUVOIR. — APPAREILS PERKINS À HAUTE PRESSION. — QUALITÉS ET DÉFAUTS DE CE DERNIER MODE DE CHAUFFAGE.

L'origine des calorifères à circulation d'eau chaude est fort ancienne, puisque les Romains employaient déjà des courants d'eau chaude pour le chauffage de leurs bains publics. Notons aussi que la petite ville de Chaudes aigues, dans le département du Cantal, utilise pour le chauffage des maisons et les usages domestiques, la chaleur naturelle que fournit une source s'échappant du sol, à la température de 90 degrés.

Le système qui consiste à établir comme moyen de chauffage, une circulation d'eau chaude, contenue dans un circuit métallique entièrement fermé, conception très-remarquable en elle-même, est due à l'architecte Bonnemain. Ce système fut appliqué par lui, pour la première fois, en 1777, dans un château du Pecq, près de Saint-Germain en Laye. L'appareil, que Bonnemain monta lui-même, fut construit du premier coup avec une perfection telle qu'il a continué de fonctionner jusqu'à ces dernières années, et qu'il aurait fallu peu de réparations pour le maintenir encore aujourd'hui en activité.

Le calorifère du Pecq, construit par Bonnemain, se composait d'un récipient contenant le foyer et la chaudière. De la chaudière partait un tuyau vertical qui s'élevait jusqu'au plus haut point du circuit, se coudait à angle droit, et parcourait successivement les différents étages de la maison. Puis, l'eau refroidie rentrait au point le plus bas de la chaudière, par un tube vertical. Un tube ouvert placé au haut du circuit, mettait l'eau chaude en libre communication avec l'air, et en faisait un *calorifère à eau chaude et à air libre*, c'est-à-dire l'appareil même qui est aujourd'hui en usage.

Pour régulariser la chaleur, Bonnemain avait imaginé une disposition fort ingénieuse. Un tube de fer vertical, noyé dans l'eau de la chaudière, contenait une barre de plomb, fixée par son extrémité inférieure, et libre à son autre extrémité. Quand elle s'allongeait par la chaleur, cette barre agissait sur un levier relié à un registre qui diminuait l'arrivée de l'air dans le foyer. Si la température de l'eau venait à baisser, la tige de plomb, en se rétractant, tirait à elle le levier, et augmentait la section d'arrivée de l'air, et par conséquent l'activité du feu.

On n'a pas fait beaucoup mieux depuis Bonnemain, malgré toutes les prétendues inventions que s'attribuent nos constructeurs modernes.

La figure 207 fera comprendre en vertu de quel principe physique la circulation de l'eau s'établit dans le calorifère à eau chaude.

Louis Figuier

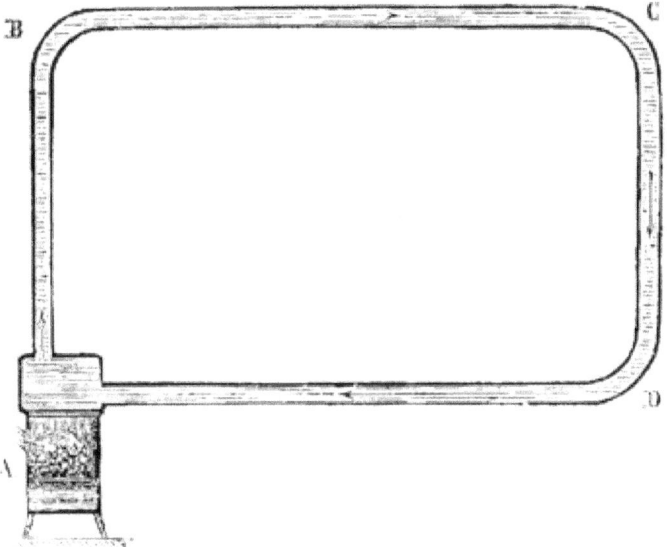

Fig. 207. — Principe du calorifère à eau chaude.

Supposons un circuit, ABCD, complètement fermé, et plein d'eau d'une température uniforme. Aucun mouvement ne tendra à se manifester dans le liquide, parce que les colonnes verticales AB et CD ont des poids égaux et qu'elles pressent également sur la colonne horizontale AD. Mais si, à l'aide du foyer A, on chauffe la colonne AB, l'eau, se dilatant, deviendra plus légère, le poids de la colonne AB sera inférieur à celui de la colonne froide, CD et l'équilibre sera rompu. Dès lors, la colonne AD sera poussée dans la direction du foyer, et par la continuité des pressions, l'eau sera mise en mouvement dans tout le circuit.

Le mouvement circulatoire sera d'autant plus rapide qu'il y aura une plus grande différence de poids entre les deux colonnes verticales, c'est-à-dire que la colonne AB sera plus chaude, et la colonne CD plus refroidie.

Si faible que soit la différence de température, la circulation s'établit, même quand les tuyaux sont très-petits et offrent beaucoup de résistance. On calcule que si la colonne AB avait 1 mètre de hauteur, la colonne AD 50 mètres de longueur, et les tubes 11 centimètres de diamètre, dimensions fréquemment employées pour le chauffage des serres, avec une différence de température de 3 ou 4 degrés entre les deux branches verticales, le courant dans le tube AD aurait une vitesse de 3 centimètres par seconde, ou de $1^m,80$ par minute.

Un calorifère dans les conditions ordinaires, c'est-à-dire possédant un tube vertical qui élève l'eau chaude jusqu'au sommet d'une maison de trois ou quatre étages, peut porter la chaleur dans un rayon horizontal d'une centaine de mètres, beaucoup plus par conséquent, que les calorifères à air chaud, qui n'étendent leur action que dans un cercle de 10 ou 12 mètres, toutefois, moins que les calorifères à vapeur. Ce rayon de 100 mètres est plus que suffisant pour le chauffage des habitations particulières.

L'eau est l'un des corps qui possèdent la plus grande capacité calorifique. Un volume d'eau déterminé, chauffé à 100 degrés, pourrait, s'il donnait entièrement sa chaleur, élever à la même température un volume d'air 3 200 fois plus considérable. Il n'est donc pas nécessaire d'amener dans la salle à chauffer un bien grand volume d'eau chaude, pour en obtenir l'effet calorifique voulu.

Voilà l'un des principaux avantages des calorifères à circulation d'eau chaude ; mais ces appareils ont encore d'autres qualités.

Leur construction est simple et moins coûteuse que celle des calorifères à vapeur ; leur service n'exige pas autant de surveillance ni autant d'habileté. S'il faut un temps assez long pour échauffer toute l'eau contenue dans les appareils, et par conséquent pour donner aux appartements la température convenable, il faut aussi un temps fort long pour que l'eau se refroidisse, et l'on obtient facilement un chauffage régulier pendant toute sa durée. À cause de la grande capacité calorifique de l'eau, et du mélange parfait donné par la circulation, tous les poêles de chauffage possèdent à peu près la même température ; il n'y a pas un abaissement de plus de 3 ou 4 degrés aux extrémités d'un rayon de chauffage de 80 ou 100 mètres.

Ces calorifères constituent donc le meilleur mode de chauffage pour les maisons qui doivent être tenues chaudes également dans toutes leurs parties, et pendant un temps suffisamment long.

Il serait facile, pourtant, de chauffer une salle plus que l'autre, en

Louis Figuier

donnant aux poêles un plus grand volume, ou une plus grande surface de rayonnement.

En outre, avec ce système, on peut, si on le désire, ne chauffer que très-peu les pièces, la circulation s'établissant par les moindres différences de température dans le circuit ; tandis qu'avec les autres calorifères il faut le plus souvent chauffer assez fortement, ou ne pas chauffer du tout. Avec les calorifères de cave, le tirage ne s'établit dans les tuyaux ventilateurs, qu'à la condition que l'air qu'ils contiennent soit porté à une température très-élevée.

Les calorifères à circulation d'eau chaude ont l'avantage, ainsi que les calorifères à vapeur, de ne modifier, de n'altérer en rien la pureté de l'air respiré. On sait que là est le grand défaut des calorifères à air chaud.

Après Bonnemain, le premier qui fit usage du genre d'appareils qui nous occupe, fut le marquis de Chabannes, qui, vers 1820, en établit plusieurs dans des maisons particulières, et dans divers établissements publics de Paris.

Ce mode de chauffage passa en Angleterre, vers 1825. Il s'y répandit très-vite, et par la pratique, il reçut quelques améliorations. Entre 1831 et 1840, on vit reparaître en France ce même système : en 1831, Price, de Bristol, s'était muni d'un brevet pour son importation en France.

En 1837, Perkins établissait les premiers calorifères à circulation d'eau chaude à haute pression. Enfin, M. Léon Duvoir-Leblanc imaginait plus tard un système intermédiaire entre la circulation de l'eau chaude à air libre et les appareils de Perkins.

Nous avons donc à décrire : le *calorifère à circulation d'eau chaude à air libre*, les appareils à haute pression de Perkins, et les calorifères du système mixte inventé par Duvoir-Leblanc.

CHAPITRE XII

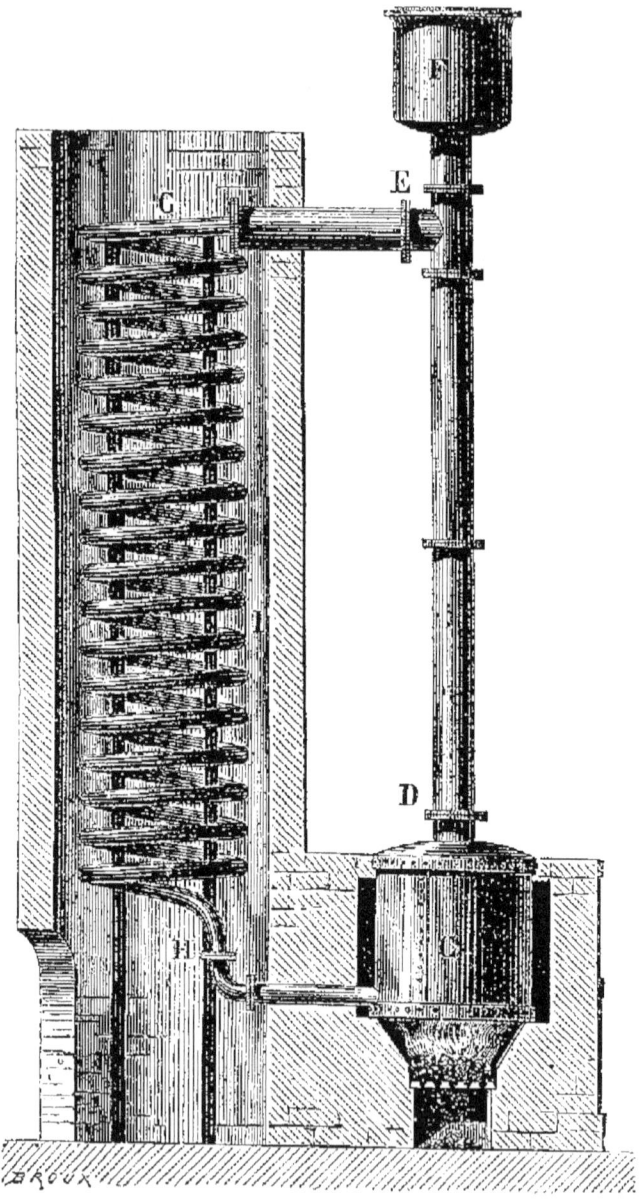

Fig. 208. — Théorie du calorifère à eau chaude et à air libre.

Louis Figuier

Le principe du *calorifère à eau chaude à air libre* est ce que représente, en petit, la figure 208. La chaudière, C, est surmontée de son tube vertical, DE, le serpentin, GH, placé dans son enveloppe, figure le local à chauffer.

Dès que le foyer est allumé, la circulation s'établit, lentement d'abord, parce qu'il y a peu de différence entre le poids de la colonne ascendante et celui de la colonne de retour. Puis, la différence de température s'accentue, le serpentin lui-même est plus chaud, et cède plus de chaleur. Enfin, la température dans la colonne ascendante excède-t-elle 100 degrés, le liquide bout, et la vapeur s'échappe en gros bouillons, par le *vase d'expansion* F, qui surmonte le tube vertical.

La température de 100 degrés est donc celle qu'il n'est jamais utile de dépasser, parce qu'il y aurait consommation plus grande de combustible, sans que la chaleur transmise par le tuyau DE fût augmentée. Les foyers, du reste, sont construits de telle sorte qu'on n'arrive que difficilement à ce point.

La pression dans la chaudière est représentée par la hauteur et le poids de la colonne d'eau, DE ; elle ne peut jamais être plus forte, parce que le calorifère, au total, est un vase ouvert et que la vapeur produite s'échappe par le *vase d'expansion* F.

Le *vase d'expansion* est ainsi nommé parce qu'il sert à recevoir le trop-plein de l'appareil, trop-plein qui se manifeste quand le liquide est dilaté par la chaleur. C'est aussi par le vase d'expansion que s'échappent les bulles d'air que retient l'eau non encore chauffée, ainsi que la vapeur. L'appareil étant ainsi toujours en libre communication avec l'air, aucune explosion n'est à craindre.

Il convient de laisser une certaine distance entre le tube horizontal, DE, et le vase d'expansion, F, pour que le courant n'entraîne pas facilement les bulles de vapeur dans les tuyaux du serpentin, GH, et que la circulation de l'eau chaude ne soit pas interrompue, si, par suite de l'évaporation d'une partie du liquide, le niveau venait à baisser dans le vase d'expansion et le tube vertical.

Passons maintenant du principe théorique à l'application.

CHAPITRE XII

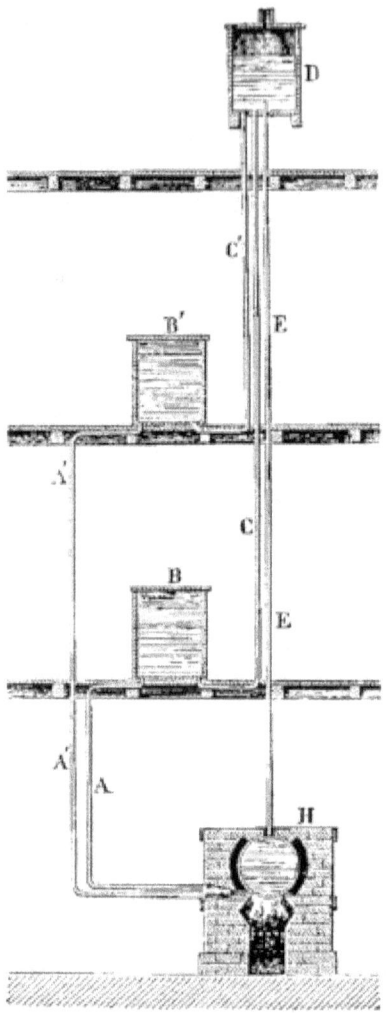

Fig. 309. — Calorifère à eau chaude à basse pression.

La figure 209 montre la disposition générale d'un calorifère à eau chaude et à air libre. Par un premier tube vertical EE, l'eau de la chaudière monte au poêle le plus élevé D, qui fait office de *vase d'expansion*, et qui est ouvert de manière à communiquer avec l'atmosphère. De là, l'eau redescend aux poêles inférieurs, B, B', par un nombre de tubes, C', C égal, au moins, à celui des étages.

Louis Figuier

Les tubes de retour A′, A, se réunissent en un seul tuyau au point le plus bas de la chaudière, et l'eau, revenant au générateur, termine de cette manière sa circulation pour la recommencer ensuite, tant que la chaudière est chauffée par le foyer.

Il est important qu'un circuit spécial soit assuré à chaque étage, ou à chaque appartement, pour qu'on ne soit pas obligé de chauffer du même coup toute la maison. Du reste, les soupapes et les robinets que nous avons décrits en parlant du chauffage à la vapeur, s'adaptent très-bien aux tuyaux des appareils à eau chaude et à air libre.

Quels que soient le nombre et le volume des tubes par lesquels l'eau descend du réservoir supérieur, le courant passe également dans tous, exerçant la même pression sur chacun d'eux, c'est-à-dire marchant avec plus de vitesse dans les tubes longs, qui offrent peu de résistance, que dans les tubes étroits.

Il est peu important que les diamètres de ces tubes soient égaux ou inégaux, parce que l'eau possède toujours à peu près la même température dans tous les poêles, et que la grandeur de la surface rayonnante de ces poêles est surtout ce qui fait la plus ou moins grande chaleur dans les appartements.

Il n'est même pas nécessaire que le tube ascendant qui part de la chaudière, ait une section égale à la somme des sections des autres tubes ; s'il est plus étroit, le courant y prend une marche plus rapide que dans le reste du circuit, et la compensation est ainsi établie.

Les poêles d'eau chaude qui répandent la chaleur dans chaque appartement, avec ces calorifères, peuvent revêtir les formes les plus élégantes. On peut en faire des consoles, des piédestaux, etc. Avec quelques dispositions supplémentaires, on fournirait sans grands frais aux locataires, l'eau chaude pour la toilette ou pour le bain.

Dans les ateliers, où la décoration est la question la moins importante, et où souvent la place doit être ménagée, les poêles peuvent être remplacés par une certaine longueur de tuyaux à grand diamètre, rayonnant directement la chaleur. On les suspend au plafond ou contre les murailles.

Nous n'insisterons pas sur les diverses formes qu'on peut donner à la chaudière. Toutes les formes sont bonnes, pourvu

CHAPITRE XII

qu'elles présentent des garanties suffisantes de durée, et qu'elles ne contiennent pas un volume d'eau extraordinaire. Seulement, le point de départ du tube vertical par lequel l'eau s'élève du générateur, doit être plus élevé que le point de branchement du tuyau de retour. Sans cela, de l'eau pourrait s'y rendre, et la tôle, à cet endroit, serait rapidement brûlée.

Les gros tuyaux, pour la circulation de l'eau à air libre, sont ordinairement en fonte ; les petits, en cuivre ou en fer étiré. Les différences de température qui peuvent causer leur changement de longueur, n'étant pas aussi considérables que pour les calorifères à vapeur, il est moins souvent nécessaire de placer des *compensateurs* sur leur trajet. On les construirait, le cas échéant, comme nous l'avons indiqué plus haut.

Les joints demandent aussi moins de précautions. Des exemples fréquents de rupture doivent pourtant faire rejeter les soudures à l'étain pour les petits tubes de cuivre : le cuivre et l'étain se dilatent d'une manière différente, et ne tardent pas à se séparer. Les collets boulonnés constituent les meilleures jointures.

On pourrait redouter que, comme dans les générateurs à vapeur employés dans l'industrie, des dépôts calcaires ne viennent incruster la chaudière et les tuyaux ; mais ici, l'eau, n'étant pas vaporisée, n'abandonne pas les sels qu'elle renferme en dissolution. Tout au plus, une couche fort légère et peu consistante, de carbonate de chaux, se forme-t-elle sur la surface intérieure de l'appareil, puisque ce corps est dissous dans l'eau naturelle à la faveur d'un petit excès d'acide carbonique, et que ce sel se précipite quand le gaz carbonique est chassé par la chaleur. Mais les mouvements des circulations le détachent et le font tomber au fond de la chaudière.

Dans le trajet de la chaudière aux poêles, les tuyaux doivent être enveloppés de matières peu conductrices de la chaleur, comme nous l'avons indiqué en parlant des tubes pour le chauffage à la vapeur.

Le *vase d'expansion* doit être muni d'un couvercle percé d'un trou, pour le dégagement des gaz et de la vapeur.

Comme l'air se réunit dans les poêles, il faut munir ces poêles à leur paroi supérieure d'un robinet *souffleur* semblable à celui que nous avons déjà représenté (page 311). On a soin d'en expulser l'air,

Louis Figuier

si l'on veut obtenir tout l'effet utile de la surface rayonnante.

Deux tuyaux, nous l'avons vu, desservent chaque poêle. L'extrémité de celui qui apporte l'eau chaude doit monter jusqu'au haut du poêle, et l'extrémité du tuyau de retour se trouve au ras de la paroi inférieure, pour que les couches d'eau les plus chaudes et les plus légères soient toujours superposées aux plus froides qui s'écoulent vers la chaudière. Si le premier tube s'élevait moins haut, l'eau chaude en arrivant conserverait un barrage nuisible ; et si l'ouverture du second tube arrivait jusqu'à une certaine hauteur dans l'intérieur, au-dessous de ce point stagnerait indéfiniment une eau froide et dense, et la partie inférieure du poêle deviendrait presque inactive et inutile.

Presque tous les poêles à eau chaude étaient autrefois construits en fonte. Ce métal est, en effet, économique, et se prête mieux que les autres à la décoration. Mais un accident déplorable survenu en 1858, à l'église Saint-Sulpice, à Paris, est venu éclairer sur les dangers de la fonte dans ce cas particulier. Un poêle de fonte se brisa, et il en sortit un terrible flot d'eau chaude, mêlée de vapeurs d'eau. Un certain nombre de personnes furent grièvement brûlées, quelques-unes succombèrent aux suites de leurs brûlures. C'est que la fonte est un métal peu résistant, et que le moindre choc peut le briser. Depuis ce moment, les poêles des calorifères à eau chaude ont été construits en tôle.

Avec la circulation d'eau chaude à air libre, les surfaces métalliques rayonnantes ne sont guère chauffées qu'à 80 degrés. Or, la quantité de chaleur émise, d'après les lois du refroidissement, est proportionnelle à la différence des températures du corps rayonnant et du corps qu'on échauffe ; et tandis qu'un mètre carré de surface métallique chauffée intérieurement par la vapeur, suffirait à maintenir à une température convenable une salle de la capacité de 70 mètres cubes, on calcule que, pour chauffer cette même salle avec les poêles à circulation d'eau à air libre, il faut une surface de tôle grande de 1^m,30, ou une surface de 1^m,50 si la paroi du poêle est en cuivre.

Nous avons dit que le *vase d'expansion* D (fig. 209) est toujours ouvert, et qu'il est, à cet effet, terminé par un tube vertical, destiné à laisser dégager dans l'air les vapeurs d'eau et d'air. Mais nous

CHAPITRE XII

devons ajouter que quelquefois ce tube est disposé de manière à pouvoir être fermé par une soupape, sur laquelle on puisse exercer des pressions au moyen d'un levier à poids. L'objet de cette dernière disposition, c'est de retenir la vapeur à l'intérieur de l'appareil, et d'établir un circuit fermé.

Cette disposition, hâtons-nous de le dire, s'accompagne de beaucoup d'inconvénients et même de dangers. Si elle est économique, si elle a l'avantage de pouvoir donner la même quantité de chaleur, avec la même somme de combustible, qu'un calorifère plus vaste et à tuyaux plus larges, elle a le défaut capital de ne permettre qu'un circuit unique, parce qu'à cette pression, les tubes ne peuvent pas être munis de robinets pour suspendre à volonté l'arrivée de l'eau chaude. Dans une habitation ordinaire, il faudrait donc chauffer, bon gré mal gré, tous les appartements, quand même on ne voudrait tenir chaude qu'une seule pièce.

Les joints aussi tiennent bien moins solidement avec cette pression, et déjà l'on courrait certains dangers d'explosion, si, par un hasard quelconque, la soupape venait à trop bien se fermer, et à ne pas se soulever sous l'effort qui a été calculé comme limite de la puissance de la vapeur.

Le vase d'expansion et sa soupape, quand elle existe, sont placés dans les combles du bâtiment, tandis que le chauffeur est à la cave : comment le chauffeur pourrait-il surveiller le jeu de son appareil ?

Si la soupape est rouillée, si elle n'a pas fonctionné depuis longtemps, si, par une cause quelconque, elle adhère à la surface qu'elle presse, et qu'en même temps de l'air occupe le sommet du tube vertical et empêche la circulation, il n'y a plus seulement danger, il y a certitude d'explosion. En effet, la quantité de chaleur qui eût dû être répartie sur tout le circuit et répandue dans les diverses parties de la maison, s'accumule dans la chaudière et le tube d'ascension, et tandis que le chauffeur ne peut rien soupçonner, le liquide bout, la vapeur, qui ne trouve pas d'issue, exerce une pression énorme ; enfin la rupture arrive avec tous les désastres qui en sont ordinairement la suite. Ainsi le chauffeur dispose à son gré de la charge de la soupape, et par conséquent de la vie des habitants de la maison. Il peut arriver que, pour réparer une négligence et pour chauffer rapidement, il place un gros poids sur la soupape et chauffe vigoureusement ; une explosion peut arriver par cette cause.

Le calorifère à eau chaude à circulation qui peut être fermée par la pression d'une soupape, ne doit jamais être adopté dans les maisons particulières. Il ne peut être utile que dans les édifices dont toutes les parties doivent être chauffées simultanément, et où l'on puisse exercer une surveillance active.

La disposition accessoire dont nous venons de parler, nous servira de transition pour arriver à l'*appareil de Perkins*, c'est-à-dire au calorifère à eau chaude à haute pression, dans lequel le circuit est hermétiquement fermé, et ne porte même plus de soupape, de telle sorte qu'on ne peut jamais apprécier la pression à laquelle les tubes sont soumis pendant le chauffage.

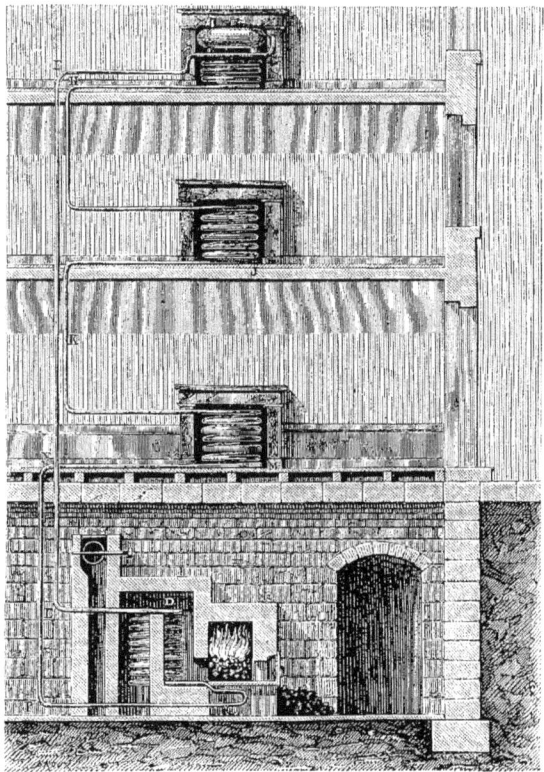

Fig. 210. — Ensemble du calorifère à vapeur à haute pression.

La figure 210 montre le circuit continu, formant par ses spirales les poêles et la chaudière.

Les gaz du foyer viennent remplir l'espace D, où se trouve une première spirale de tubes pleins d'eau. La fumée et les gaz du foyer s'échappent par le tuyau de la cheminée. Le circuit, composé de tuyaux remplis d'eau, suit la direction marquée par les flèches. Sortant de la première spirale D placée dans le foyer même, le tube EF s'élève verticalement, arrive au *vase d'expansion* V, et redescend vers le foyer, en formant, à chaque étage, de nouvelles spirales, qui constituent les poêles à eau, G, I, L. L'eau redescend à la chaudière par le tube N.

Les tubes éclateraient à coup sûr, si l'eau les remplissait entièrement. Aussi, Perkins a-t-il placé dans le vase d'expansion V, au sommet du circuit, un petit volume d'air que l'eau chaude comprime avec une force qui, parfois, dépasse 200 atmosphères.

Les tuyaux sont en fer étiré, d'un diamètre et d'une épaisseur uniformes. Leur diamètre extérieur est de 25 millimètres, leur diamètre intérieur est moitié moindre.

« Avec ces proportions, dit M. Péclet, les tubes peuvent supporter une pression de plus de 3 000 atmosphères ; pression telle que l'esprit n'ose la concevoir, et sous laquelle seraient liquéfiés peut-être, les gaz de l'air réputés permanents. »

Il semblait impossible de relier ces tubes par des joints assez solides. Perkins a pourtant résolu le problème.

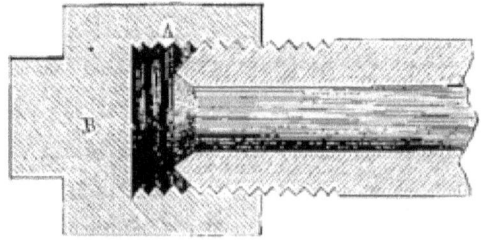

Fig. 211. — Fermeture du circuit des tubes.

Voici d'abord comment on ferme l'extrémité d'un tube. La surface extérieure de cette extrémité porte un pas de vis, A (*fig.* 211), emboîtant la vis correspondante de l'écrou B. De plus, le bord circulaire du tube est taillé en biseau tranchant, et le fond de l'écrou est plat. En serrant l'écrou avec force, le biseau vient couper le fond plat, et le fer est pénétré sur 1 millimètre environ de profondeur. La fermeture est hermétique, et les dilatations causées par la chaleur, ne peuvent plus la disjoindre, parce que le tube et l'écrou, faits de métaux de même nature, se dilatent de la même quantité.

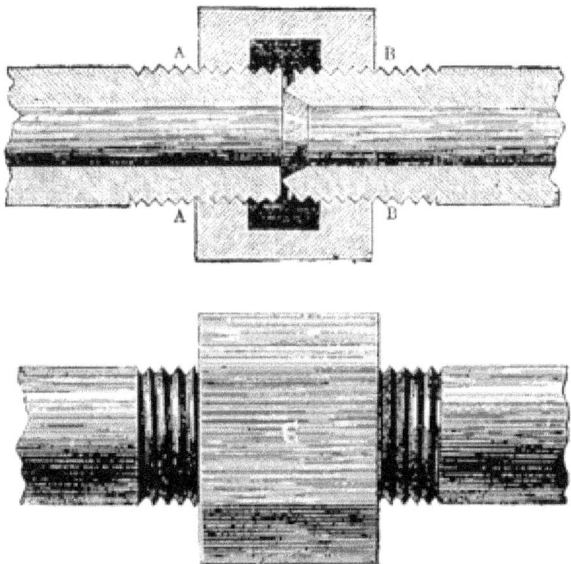

Fig. 212 et 213. — Jointure des tuyaux.

Les figures 212 et 213 montrent comment sont formés les joints des tuyaux. Les deux extrémités sont creusées de pas de vis, A, B, dirigés en sens contraire ; le bord annulaire de l'un d'eux est tranchant, tandis que l'autre présente une face plate. On serre les tuyaux par un écrou taraudé, C (*fig.* 213), de manière à s'adapter aux deux pas de vis. On presse, et les tubes étant maintenus de façon à ce qu'ils ne puissent pas tourner suivant leur axe, ils avancent l'un vers l'autre et se pénètrent.

Quand il s'agit de remplir d'eau, pour la première fois, un calorifère à haute pression, on ne se contente pas de verser le liquide par l'ouverture du vase d'expansion. En effet, des bulles d'air resteraient toujours dans le circuit ; cet air interromprait la circulation, et pourrait causer une explosion. On lance l'eau dans l'intérieur du circuit, en se servant d'une pompe foulante, qui agit à l'énorme pression de 200 atmosphères. L'extrémité d'un petit tube qui surmonte le vase d'expansion V (*fig.* 210) étant ouverte, l'eau dirigée dans la chaudière sort par ce tube, et l'on continue à la laisser couler par l'orifice, jusqu'à ce qu'on ne voie plus apparaître une seule bulle d'air. À ce moment le tube est fermé par le petit chapeau taraudé que nous avons représenté plus haut (*fig.* 211).

On s'imagine que, dans un appareil aussi bien fermé, l'eau devrait rester toujours, sans qu'il s'en échappât une goutte. Il n'en est rien ; car, tout au contraire, chaque semaine environ, il faut remettre un demi-litre d'eau dans le vase d'expansion. On ne saurait dire exactement comment et par où l'eau s'échappe. Ce n'est pas assurément par les joints. Il est probable qu'elle traverse le métal, à l'état de vapeur, sous l'influence de la prodigieuse pression que supportent les tubes.

Si une fissure venait à se produire à certains points du circuit, à l'un des joints, par exemple, l'effet serait terrible. Aussitôt tout le liquide contenu dans le calorifère se précipiterait par l'ouverture, sous la forme d'un jet de vapeur d'une violence extraordinaire. La vapeur surchauffée détermine d'affreuses brûlures, et quand on la respire mêlée à l'air, elle produit les plus grands désordres dans la poitrine.

À cause de la chaleur des tuyaux, il faut les isoler avec soin des parquets et des boiseries. On a vu des matières combustibles, telles que des planches, des cloisons, lentement carbonisées par le contact de ces tuyaux, finir par prendre feu.

En Angleterre, on donne aux tuyaux et au poêle une surface de chauffe de 1 mètre carré pour une salle de 80 mètres cubes de capacité.

Le *calorifère de Perkins*, que nous venons de décrire, est fréquemment employé en Angleterre, dans les habitations particulières. Il a même été adopté pour le chauffage des salles du *Musée Britannique* de Londres. Chacun des fourneaux des appareils de ce bel établissement public porte un circuit. Dix-huit

Louis Figuier

appareils y ont été installés : ils ont coûté ensemble 90 000 fr.

Le calorifère de Perkins a l'avantage de la simplicité et de l'économie dans l'installation ; mais il a l'inconvénient de faire constamment redouter une explosion, bien que cet accident, il faut le reconnaître, soit excessivement rare. Il a aussi le défaut d'introduire dans les appartements, des tubes tellement chauds qu'ils brûleraient les mains, si l'on n'avait le soin d'isoler tuyaux et poêles derrière des grilles hors de portée.

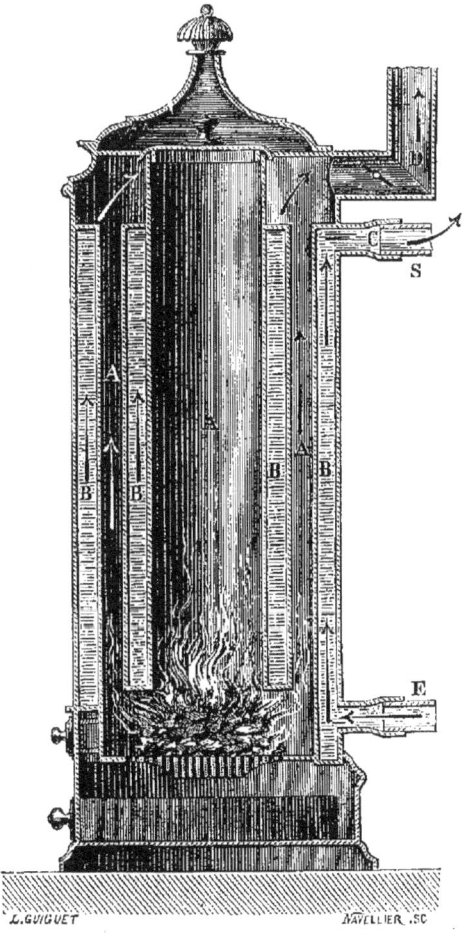

Fig. 214. — Chaudière pour l'appareil à circulation d'eau chaude à air libre.

CHAPITRE XII

Le calorifère à eau chaude et à air libre, peut être appliqué sans aucune difficulté dans une maison particulière, en construisant la chaudière comme l'indique M. Ch. V. Joly, dans son ouvrage sur le *Chauffage* et comme le représente la figure 214. Le foyer et les tubes parcourus par les gaz qui proviennent de la combustion du charbon sont entourés par l'eau du générateur BB, comme dans les chaudières tubulaires des locomotives. L'air chaud suit les tubes A, A, et s'échappe par le tuyau de la cheminée, D. La circulation de l'eau commence au tube C, dans le sens indiqué par la flèche ; le retour de l'eau se fait par le tube E. On établit le système de tuyaux, et le *vase d'expansion*, comme nous l'avons décrit.

Dans son ouvrage, M. Joly présente un résumé exact des avantages du calorifère à eau chaude et à air libre. Il s'exprime en ces termes :

« Voici les qualités et les défauts du chauffage par circulation d'eau chaude à air libre.

1° Il exige une dépense d'installation assez élevée ; 2° il ne produit tout son effet qu'après un certain temps, la grande quantité d'eau à chauffer n'élevant que lentement sa température ; 3° une fois les tuyaux échauffés, le refroidissement, si on le désire, est lent à se produire ; ce qui est un grand avantage pour les serres, et quelquefois un inconvénient pour l'habitation. D'où il suit qu'il faut toujours combiner ce chauffage avec une ventilation convenable et des arrêts partiels de la circulation ; 4° enfin on reproche à ce système de ne pas avoir la gaieté d'un feu apparent, d'exposer nos appartements à des fuites par les joints des tuyaux et de charger la maison d'un poids d'eau considérable.

« En revanche, et pour les climats du Nord surtout, les avantages sont nombreux ;

« 1° La grande capacité calorifique de l'eau et la permanence de sa circulation, longtemps après l'extinction du feu, assurent une grande régularité de température, malgré les interruptions ou la négligence du chauffage ; 2° la température de l'air est toujours modérée ; il est même difficile de l'élever beaucoup avec de grandes surfaces de chauffe. On peut porter la chaleur à de très-grandes distances même dans le sens horizontal et malgré les coudes, ce qui n'est pas possible avec l'air chaud ; 3° les pièces sont chauffées plus également dans toutes leurs parties, tandis qu'avec nos cheminées, des courants dus à diverses causes rendent la température très-variable suivant la place qu'on occupe ; 4° ce chauffage exige très-peu de travail de la part des domestiques, et très-peu de combustible, si la chaudière est bien disposée et à surface de chauffe bien comprise ; 5° on a, dans tous les appartements et sans autres frais, de l'eau pour les bains et les lavabos ; 6° on évite toutes les impuretés et les poussières de l'atmosphère entrant constamment dans les pièces par les prises d'air pour les bouches de chaleur ; ce qui est très-important pour les objets d'art, bibliothèques, musées, etc. ; 7° on évite l'intervention des domestiques dans l'appartement pour entretenir et nettoyer les foyers ; 8° on peut placer les tuyaux soit horizontalement, soit verticalement dans des gaines ou des pilastres garantissant des fuites, et servant en même temps à assurer la ventilation ; 9° pas de cheminées qui fument et détériorent les appartements, la combustion ayant lieu en bas, et par conséquent avec un tirage meilleur ; 10° les chances d'incendie sont presque nulles, chose capitale pour les archives, musées, etc.

« Comme on le voit, dans certaines circonstances, le chauffage à l'eau, que nous appliquons rarement chez nous, peut avoir un très-heureux emploi, surtout dans les habitations où presque toutes les pièces sont occupées, et où l'on a besoin pendant longtemps d'une température douce et régulière. Dans la pratique, on combine le chauffage à l'eau avec le chauffage à air, en utilisant la chaleur de l'appareil pour les pièces contiguës et en envoyant l'eau chaude aux pièces éloignées.[1]»

Des trois espèces de calorifères que nous avons examinés jusqu'ici, le calorifère à circulation d'eau chaude, à air libre, est donc le plus avantageux pour les maisons particulières. Nous faisons toutefois nos réserves pour le chauffage mixte, si heureusement combiné par M. Grouvelle, et qui se compose de la réunion du chauffage à l'eau chaude et du chauffage à la vapeur.

Ce dernier système est l'objet du chapitre qui va suivre.

---

[1] *Traité pratique du chauffage, de la ventilation et de la distribution des eaux dans les habitations particulières*, par V. Ch. Joly. Paris, 1869, in-8, p. 128, 129.

CHAPITRE XII

CHAPITRE XIII

MÉTHODE DE CHAUFFAGE MIXTE, PAR LA VAPEUR ET PAR L'EAU.
— APPLICATION DE CETTE MÉTHODE AU CHAUFFAGE DE LA
PRISON MAZAS ET DE L'HOPITAL LARIBOISIÈRE À PARIS.

C'est à la prison cellulaire de Mazas, à Paris, qu'a été établi le système mixte de chauffage imaginé par M. Grouvelle. Avant de décrire ce mode de chauffage, il sera nécessaire de donner le plan de la prison Mazas. On pourra, de cette manière, apprécier quelles étaient les conditions et les difficultés du problème.

La forme générale de l'édifice qui constitue la prison Mazas, ou la *Nouvelle Force*, est celle d'une étoile octogone, dont les deux branches antérieures manqueraient et seraient remplacées par le bâtiment de l'administration.

Chacune des branches de l'étoile est un corps de bâtiment à trois étages, contenant 68 cellules par étage, ce qui ferait en tout 1 220 cellules, si certaines parties n'étaient occupées par l'infirmerie et par les bains.

Au milieu de chaque branche est un immense corridor, s'élevant depuis le sol jusqu'au toit, éclairé par des vitrines supérieures, et par un grand vitrage qui forme la paroi extérieure du corridor. Sur toute sa longueur règnent des balcons qui desservent les deux étages au-dessus du rez-de-chaussée.

Le polygone formé par la rencontre des branches, est une salle dans laquelle s'ouvrent les corridors des six corps de bâtiments. Au centre de la salle sont les postes des surveillants, N, d'où la vue s'étend dans tout l'intérieur de l'édifice.

Au-dessus du poste des surveillants est la chapelle. Tous les dimanches, quand le prêtre dit la messe, on ouvre de 6 centimètres environ la porte de chaque cellule. De cette manière les détenus peuvent voir d'un œil le prêtre, et suivre la messe, sans communiquer pourtant les uns avec les autres, et même sans se voir mutuellement.

Louis Figuier

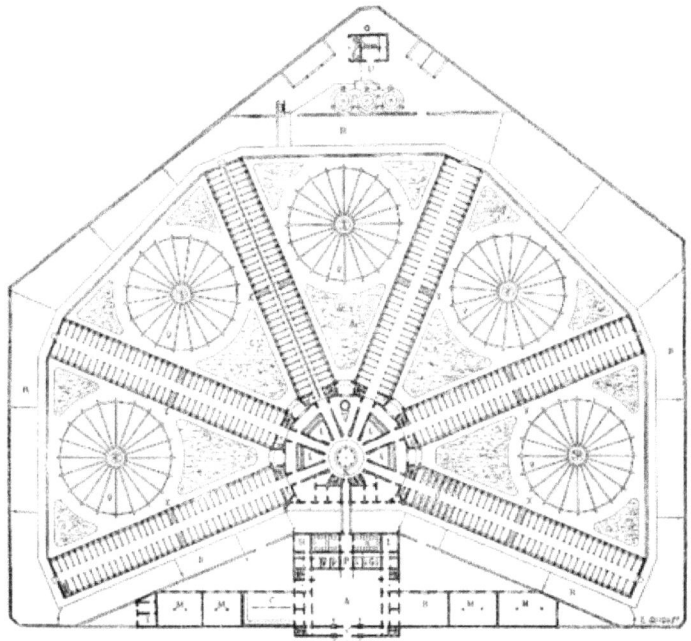

Fig. 215. — Plan de la prison cellulaire de Mazas.

A, cour de l'administration ; B, cuisine ; C, corps de garde ; D, salles provisoires de dépôt ; E, entrée ; F, salle des fouilleuses ; G, greffe ; H, panneterie ; I, cabinet du directeur ; J, parloirs ; K, descente du passage des vivres ; L, passage dans l'extérieur des voûtes pour les chariots de vivres ; M, magasins ; N, salle et bureau du surveillant ; O, cellules des bains ; P, passage du greffe ; Q, préaux cellulaires des prisonniers ; R, chemins de ronde ; S, salle des morts ; T, centre des préaux et demeure du gardien ; U, usine à gaz ; V, cheminée de ventilation ; X, escaliers des préaux cellulaires, ils y descendent un à un et sont dirigés du centre I dans chaque petite cour.

Autour du centre de l'édifice, sont disposés les parloirs J, J, et la cheminée de ventilation générale, V.

Quelques-unes des cellules du rez-de-chaussée de la première branche de droite, sont transformées en salles de bains. L'infirmerie est placée au-dessus des bains. Elle ressemble au reste de l'établissement ; seulement, les cellules sont doubles, et les malades y sont réunis deux à deux, pour qu'ils puissent se prêter, au besoin, une mutuelle assistance.

À l'entrée des six corps de bâtiments, et vers leur milieu, sont des escaliers tournants, qui font communiquer les divers étages. Les escaliers, X, donnent encore accès dans la cour, et servent à conduire les détenus aux promenoirs, Q.

La disposition de ces promenoirs est assez curieuse. Chacun est formé de deux polygones Q de vingt côtés, concentriques, dont les sommets des angles correspondants sont reliés par des murs en forme de rayons. Vingt espaces sont donc ainsi limités, longs chacun d'une quinzaine de mètres. Le polygone central est occupé par une petite tour, au premier étage de laquelle se tient un gardien, qui peut surveiller à la fois les vingt prisonniers. L'extrémité de chaque espace opposée à la tour, est fermée par une grille à solides barreaux de fer, et légèrement recouverte par un petit toit, sous lequel le détenu peut s'abriter les jours de pluie. À l'extérieur du polygone règne un chemin circulaire asphalté. Un deuxième gardien s'y promène, et inspecte tour à tour les vingt espaces à travers leurs grilles.

Les individus condamnés au régime cellulaire, vivent constamment côte à côte, sans jamais se voir ni se parler. L'heure de la promenade, au grand air, serait la seule où ils pourraient avoir entre eux quelques rapports ; mais on a pourvu à cette éventualité. Quand vient l'heure de la promenade, un gardien ouvre au prisonnier la porte de sa cellule, et lui indique la direction qu'il doit suivre sur le balcon du corridor. À la descente de l'escalier, un second gardien lui montre encore le chemin, et presse sa marche. Un troisième gardien fait le même office dans la cour. Enfin un quatrième introduit le prisonnier dans son promenoir particulier, qui est toujours vide, et en ferme la porte sur lui. Le même procédé est suivi pour faire rentrer le détenu dans sa cellule. Les prisonniers ne sont lâchés que l'un après l'autre, à mesure que le précédent a franchi le détour du corridor qui le dérobe à la vue du suivant.

On se demande combien de temps on peut supporter, sans devenir fou, ce système d'isolement effréné !

Chaque cellule est un carré de 3^m,75 de côté et de 3 mètres de

Louis Figuier

hauteur. Elle reçoit le jour par un vasistas percé, le plus haut possible, dans le mur extérieur, et muni de vitres dépolies, ou cannelées, afin que le condamné, même quand il monte sur sa table, ne puisse rien voir de ce qui se passe au dehors. Le vasistas ne peut être ouvert que dans une certaine limite, parce qu'il est retenu par une chaînette de fer.

Tout le mobilier d'une cellule se compose d'une table de bois scellée à la muraille, et d'une chaise de paille attachée à la table. La table est surmontée d'un bec de gaz.

Il n'y a pas de lit. Quand l'heure du coucher est venue, le détenu prend, sur une étagère placée à côté de la porte, un hamac, qu'il suspend au mur, suivant la longueur de la cellule, et il y dispose le reste de la literie. Mais les murs sont à une distance de moins de 2 mètres, et la longueur du hamac, à cause de la place prise par les appareils de suspension, ne s'étend pas même à tout cet espace, de sorte que les individus de taille moyenne, ont déjà peine à s'y caser, et que les hommes de plus haute stature, gênés encore par l'étroitesse du coucher, sont forcés de s'arc-bouter contre les murailles, dans la position la plus pénible.

On voit que le régime cellulaire, malgré sa couleur administrative, est plus cruel que nos anciens cachots ; car, au moins, le prisonnier avait alors un lit ou de la paille, pour étendre dans tous les sens ses membres fatigués. Le matin, à une heure déterminée, le détenu défait le hamac, et le remet en place sur son étagère.

Inutile de dire que la surveillance est si active, qu'une évasion est impossible. Tout autour du bâtiment principal, que nous venons de décrire, règne un premier mur d'enceinte, très-élevé. Derrière est le chemin de ronde. Enfin, une seconde enceinte, semblable à la première, entoure l'établissement.

La maison de l'administration comprend : le cabinet du directeur I, le greffe G, la panneterie H, les magasins M, le corps de garde C, la salle des morts, les salles provisoires de dépôt D, où l'on enferme les arrivants dans la petite cabine en planches jusqu'à ce que leurs cellules soient disposées pour les recevoir ; enfin, la cuisine B, d'où partent, sur des rails, les chariots contenant les rations alimentaires des détenus ; U est une usine à gaz destinée spécialement au service de la prison.

CHAPITRE XIII

Tel est le local immense, d'une contenance de 50 000 mètres cubes, divisé en des milliers de petites parties, qu'il s'agissait de chauffer avec une égalité complète de température, tout en maintenant l'indépendance des services, la surveillance parfaite des appareils et la centralisation du travail. Jamais problème plus difficile ne fut proposé aux entrepreneurs de chauffage.

En 1843, on ouvrit un concours pour le chauffage de la prison Mazas. Deux mémoires seulement furent présentés : l'un par M. Philippe Grouvelle, l'autre par M. Léon Duvoir-Leblanc.

Une commission de seize savants, présidée par François Arago, fut chargée de prononcer sur les plans proposés. Après des débats et des expériences qui durèrent fort longtemps, la commission donna la préférence à celui de M. Grouvelle.

Le système de M. Duvoir-Leblanc était basé sur la méthode de la circulation d'eau chaude à air libre. Il aurait fallu construire un fourneau dans chaque aile de la prison, et un autre dans les bâtiments de l'administration. On aurait eu ainsi sept calorifères à diriger et à pourvoir séparément de combustible. On comprend combien la comptabilité, la surveillance, le personnel du chauffage, auraient été compliqués : la dépense totale en aurait été fort accrue. Le plan de M. Duvoir fut donc écarté.

M. Grouvelle, dont le projet avait été accueilli, établit un seul foyer, placé sous le poste des gardiens, dans la salle centrale, et il chauffa d'un seul coup toute la maison, à l'aide des appareils que nous allons décrire. Faisons d'abord connaître le principe de ces appareils.

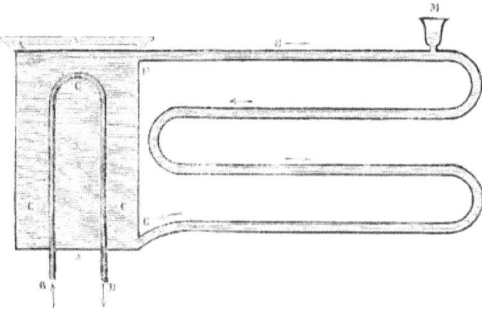

Fig. 216. — Principe du chauffage à vapeur et à eau par le

système mixte de M. Grouvelle.

Si dans un vase AA (*fig.* 216), plein d'eau et muni d'un circuit de tuyaux, FEG, à la manière des calorifères à circulation d'eau chaude, nous faisons arriver, au moyen d'un tube, BCD, qui communique avec un générateur à vapeur, un courant de vapeur, l'eau qui remplit le récipient A, s'échauffera par la liquéfaction de cette vapeur, comme si elle recevait directement sa température d'un foyer. Si le circuit des tuyaux est disposé ainsi que nous l'avons montré en parlant des calorifères à circulation d'eau chaude, à air libre, la circulation s'établira dans les tuyaux du circuit FEG, et l'eau de ces mêmes tuyaux reviendra au vase A. Un *vase d'expansion*, M, comme dans l'appareil déjà décrit, établira la communication avec l'air.

La chaleur communiquée à ces *vases chauffeurs*, ou *poêles à eau*, par le courant de vapeur, se communiquera à la pièce dans laquelle ce poêle se trouve placé.

Le *calorifère mixte* de M. Grouvelle est donc le système de chauffage à l'eau chaude et à l'air libre, mais dans lequel, au lieu de chauffer directement l'eau avec un foyer, on la chauffe par un courant de vapeur.

Un calorifère ainsi composé réunit à la fois les qualités des calorifères à vapeur et celles des calorifères à circulation d'eau chaude. En effet, les tubes à vapeur portent, s'il le faut, à une très-grande distance, la chaleur produite par le combustible, et le poêle plein d'eau la répartit dans le rayon qui lui est propre, avec la régularité et la sûreté qui sont les avantages caractéristiques de ce système.

Il est facile, maintenant, de comprendre comment fonctionne l'appareil que M. Grouvelle a installé pour le chauffage de la prison Mazas.

Deux générateurs produisent la vapeur dans un vaste foyer. Dix-huit circuits de tubes conduisent cette vapeur aux dix-huit étages des six corps de bâtiments de la prison, et l'amènent dans un nombre égal de grands vases chauffeurs, pleins d'eau. La figure 217 donne la coupe d'un de ces vases chauffeurs.

CHAPITRE XIII

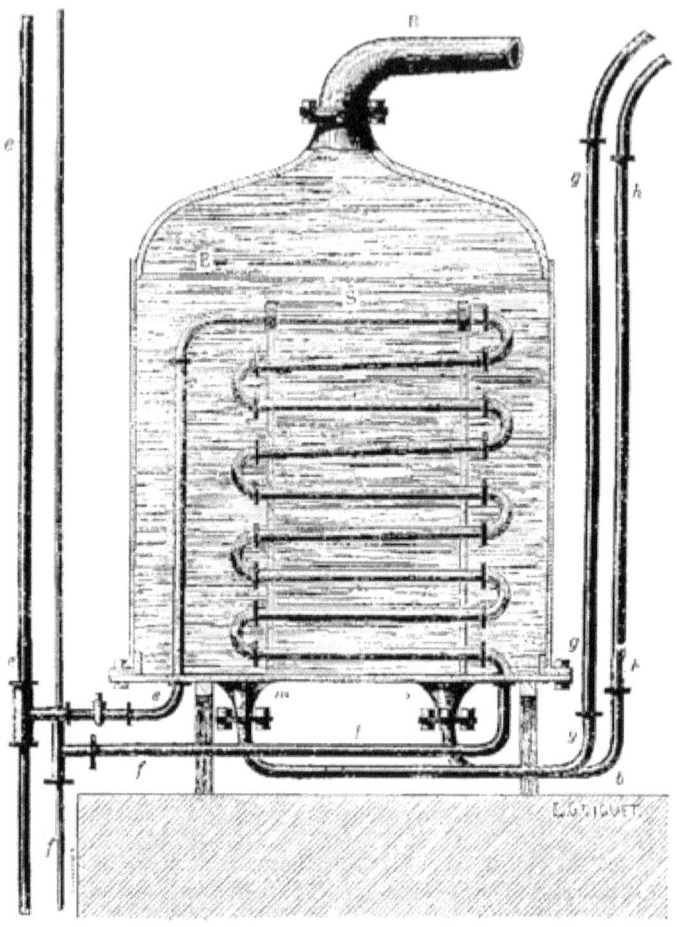

Fig. 217. — Vase chauffeur de la prison Mazas.

La vapeur d'eau arrive par le tube *ee*, circule dans le serpentin SS, en échauffant l'eau, E, du poêle. Cette vapeur s'échappe du serpentin par le tube*ff*, pour aller se distribuer à d'autres poêles. Quant à l'eau chaude, elle sort du vase chauffeur par le tube B. Bientôt ce tuyau se bifurque, pour chauffer des deux côtés du corridor, les cellules du même étage. Les tubes courent dans des caniveaux jusqu'au bout de l'aile du bâtiment, reviennent parallèlement à eux-mêmes, et l'eau ramenée par les tubes *gg*, *hh*, rentre dans le vase chauffeur

Louis Figuier

par les ouvertures *m, n.*

Un *vase à expansion* est placé au point le plus élevé de chaque circuit, et des *compensateurs* sont placés sur les trajets rectilignes des tuyaux, pour éviter les effets fâcheux de la dilatation.

Fig. 218. — Coupe verticale de l'un des bâtiments à trois étages de la prison Mazas (coupe faite en avant des cellules, à l'extrémité du bâtiment).

La figure 218 fait voir les *vases chauffeurs* placés dans les trois étages de la même aile de la prison Mazas. DD, sont les *vases chauffeurs parcourus* par le courant de vapeur qui alimente les tuyaux circulant sous les balcons. FF, sont des vases communiquant avec les tuyaux d'eau chaude ; ils sont destinés à permettre la dilatation de l'eau, et à maintenir les tuyaux constamment pleins. Ils sont placés à l'extrémité opposée de la galerie. H, est un réservoir d'eau froide pour le service des détenus. EE, sont les balustrades des deux petits ponts, qui traversent le corridor, et au-dessous desquels se trouvent les tuyaux à eau chaude, qui correspondent avec la circulation d'eau chaude du côté droit.

La section représentée par la figure 218, est supposée faite au niveau du premier escalier, un peu avant le commencement de l'aile. Là, comme on vient de le voir, sont placés les vases chauffeurs. La figure 219 montre une coupe pratiquée vers le milieu de l'aile et laissant voir l'intérieur des cellules.

Fig. 219. — Coupe de l'un des bâtiments à trois étages de La prison Mazas, montrant l'intérieur des cellules.

Louis Figuier

C, D coupe des deux tuyaux d'eau chaude pour le chauffage de la cellule ; F, bouche de chaleur ; G, fenêtre ; E, tuyau d'aisances N, tonneau d'aisances ; LL, grille fermant l'extrémité du corridor.

C et D (1er étage), sont les sections du tube d'aller et du tube de retour de l'eau chaude ; ils sont placés dans un même canal, sous le balcon. La section de ces tubes serait aux deux autres étages. Chaque cellule a sa bouche particulière de chauffage et de ventilation fournie par les deux tuyaux, C et D. Le canal de ces deux tubes est coupé, par des cloisons en plâtre, en autant de coffres qu'il y a de cellules. L'air du corridor, déjà chauffé par la chaleur perdue des appareils, pénètre dans le coffre, et vient se dégager dans la cellule par une bouche de chaleur, F, faisant suite à un caniveau pratiqué dans le plancher. L, est une grande grille qui ferme l'extrémité du corridor.

La surface de chauffe propre à chaque cellule, est de 1^m,20, et possède une température moyenne de 100 degrés ; elle se compose de 2 mètres de tuyau d'aller et de 2 mètres de tuyau de retour. Si le tuyau d'aller est plus chaud aux premières cellules qu'aux dernières, la température marche en sens inverse par le tuyau de retour, et il y a à peu près compensation.

Sur la figure 219 les vasistas des cellules sont marqués par la lettre G, dans la partie gauche du bâtiment, et les cuvettes d'aisances, par la lettre E, dans la partie droite. L'air qui sert à la ventilation s'écoule par l'une ou l'autre de ces ouvertures. Une pancarte, affichée dans la cellule, recommande au prisonnier de ne point mettre le couvercle à sa cuvette s'il veut évacuer l'arrivée d'air de sa cellule, et de la fermer, au contraire, quand il ouvre le vasistas, pour ne pas déterminer un courant ascendant par le conduit.

Il conviendrait de dire aussi au prisonnier que pour avoir de l'air chaud, et par conséquent de la chaleur, il faut qu'il donne à cet air un débouché. En général le détenu ne sait pas ce que c'est que l'air vicié, et il ne comprend guère le grand mot de ventilation. Il ferme le conduit d'aisances, parce que cela lui paraît convenable ; il tient le vasistas fermé, parce qu'il fait froid, de sorte que, finalement, il gèle dans sa cellule.

Puisqu'on a adopté la disposition, assez bizarre, qui consiste à évacuer l'air par le conduit d'aisances, pourquoi ne pratiquerait-on pas, dans l'épaisseur de la cuvette, un trou grillagé, de grandeur suffisante, et à direction très-inclinée, qui resterait forcément ouvert ?

Réglementairement, la cellule doit être entretenue à une température de 13 à 15 degrés. Cette température nous paraît un peu basse, surtout pour de pauvres gens mal vêtus et peu nourris, qui ne font pas d'exercice. D'après des plaintes nombreuses, il paraîtrait même que la température est plus froide encore.

Au mois de juin 1850, le journal *le Siècle* s'étant fait l'écho des réclamations des détenus, le préfet de police nomma une commission, dont le gérant du *Siècle* faisait partie, à l'effet de vérifier les fondements de ces plaintes. Des expériences furent faites, par une méthode peu scientifique, il est vrai, mais rationnelle et concluante. Pour constater l'évacuation de l'air, trois personnes, dont un membre de la commission, s'enfermèrent pendant une heure dans une cellule, et fumèrent toutes trois sans désemparer. Elles virent la fumée se diriger vers le conduit que nous savons, et constatèrent, après l'heure écoulée, que l'air de la cellule n'était nullement chargé de fumée.

Somme toute, la commission trouva les choses en bon état. Mais ne pourrait-on pas dire du chauffage de la prison Mazas ce que disait M. Péclet de la ventilation de l'hôpital Lariboisière : « Reste à savoir si cette augmentation de ventilation n'a pas uniquement lieu le jour où l'on fait des expériences ?... »

Quoi qu'il en soit, M. Grouvelle, avec son système de chauffage mixte, a fait faire un pas immense au chauffage des grands établissements. Il n'est plus maintenant d'édifice, si vaste qu'il soit, qui, à l'aide de ce système, ne puisse être chauffé, en totalité ou en partie, d'une façon toujours régulière, et même graduée si on le veut, pour s'appliquer aux variations de la température extérieure.

Nous dirons encore comment le système qui nous occupe a été appliqué à l'hôpital Lariboisière.

Ce vaste et bel établissement, qui a été, à juste titre, nommé le *Palais du pauvre*, sera représenté plus loin, c'est-à-dire dans la *Notice sur la Ventilation*,

L'ensemble de l'hôpital Lariboisière forme un quadrilatère de 115 mètres de longueur sur 45 de largeur, flanqué sur les côtés de dix ailes, et terminé par un corps de bâtiment massif.

Les deux premières ailes, situées sur la même ligne que l'entrée, contiennent les bureaux de l'administration, les salles de consultation, la pharmacie, les logements du directeur, des internes, etc.

Les six ailes qui suivent, sont occupées par les malades : celles de droite, par les hommes, et celles de gauche, par les femmes. Chacune est à trois étages : le rez-de-chaussée est affecté aux services de chirurgie, et les deux étages supérieurs, aux différents services de médecine.

Les deux côtés du fond renferment, l'un, celui de gauche, la communauté des religieuses, et l'autre, à droite, la buanderie et la lingerie.

Le massif du fond est occupé, au milieu, par la chapelle ; immédiatement à côté, par les salles de bains et de douches, d'une part pour les hommes, et d'autre part pour les femmes. On y trouve, enfin, les salles de clinique et d'opérations, l'amphithéâtre et la salle des morts.

Le pourtour du quadrilatère forme, du côté de la cour, une promenade continue et abritée. Les salles situées entre les pavillons servent, suivant les besoins, de réfectoire, de magasins, ou de parloir. En temps d'épidémie, on y place des lits pour les malades.

Dans les salles ordinaires les malades sont très-espacés, et bien que cet hôpital soit l'un des plus vastes de Paris, il ne contient que 612 lits.

La question du chauffage et de la ventilation de l'hôpital Lariboisière fut mise au concours par l'Administration de l'assistance publique. Quatre mémoires lui furent envoyés, parmi lesquels un de M. Léon Duvoir-Leblanc et un de M. Philippe Grouvelle. La commission se prononça pour le projet de M. Grouvelle, modifié d'après les vues de MM. Thomas et Laurens. Cependant M. Duvoir-Leblanc, appuyé par M. le général Morin, fit agréer au ministre l'idée de partager le chauffage de l'hôpital entre les deux systèmes. En conséquence, M. Duvoir eut à chauffer le coté gauche de l'établissement, et M. Grouvelle le côté droit, plus les bains et la communauté des religieuses.

M. Duvoir réalisa le chauffage et la ventilation à l'aide de son calorifère à circulation d'eau chaude et à air libre, que nous avons suffisamment décrit et sur lequel nous n'avons pas à revenir.

Le système de M. Grouvelle, c'est-à-dire le chauffage mixte par l'eau et la vapeur, ne fut pas appliqué exactement d'après ses vues ; il dut subir toutes les modifications que lui imposa l'administration, guidée par MM. Thomas et Laurens. Nous ne trouvons plus à l'hôpital Lariboisière, les appareils de circulation d'eau chaude à proprement parler, mais seulement des *vases chauffeurs*, sans tuyaux d'eau chaude, chauffés purement et simplement par les conduits de la vapeur.

Deux générateurs sont établis derrière le dernier pavillon de droite ; ils alimentent directement la buanderie et les bains. Deux autres tubes se séparent bientôt à angle droit : l'un va chauffer les poêles situés dans la communauté ; l'autre passe devant les pavillons 6, 4 et 2, dans le canal souterrain qui règne sous tout l'édifice, et fournit les branchements pour chacune des salles.

Le tube apportant la vapeur, parcourt la salle dans toute sa longueur, enveloppé dans un conduit que forment au niveau du parquet des plaques de fonte. Ces plaques reçoivent une partie de la chaleur, et forment comme une longue chaufferette rectiligne, sur laquelle se promènent les malades.

Chaque salle contient quatre grands poêles remplis d'eau ; le tube de la vapeur les échauffe, en fournissant un serpentin à chacun. L'eau condensée retourne parallèlement aux tuyaux d'arrivée, et se réunit de toutes parts, dans un réservoir fermé placé dans la cave ; on la fait ensuite repasser dans les chaudières suivant les besoins.

Les générateurs de vapeur donnent encore la force aux machines qui manœuvrent une pompe, laquelle va puiser l'eau nécessaire à l'hôpital dans le canal de ceinture, près de l'église Saint-Vincent de Paul. L'eau est ensuite refoulée dans toutes les parties de rétablissement, et les salles en sont abondamment approvisionnées.

L'air qui doit servir à la ventilation est aspiré dans les couches élevées de l'atmosphère, par de légers conduits arrivant jusqu'au sommet du clocher de la chapelle Des machines soufflantes poussent cet air dans un large tuyau, qui se divise exactement comme le tube apportant la vapeur, et le courant gazeux est amené en hiver dans les poêles où il s'échauffe avant de pénétrer dans les salles.

Nous reviendrons sur la ventilation de l'hôpital Lariboisière dans la Notice qui doit suivre celle-ci. Nous donnerons alors une planche qui représentera à la fois le système de ventilation et de chauffage de l'hôpital.

CHAPITRE XIV

CONCLUSION. — CHOIX DU CALORIFÈRE SELON LE LIEU À CHAUFFER.

L'architecte qui n'appliquerait qu'un seul système de chauffage dans tous les cas, fort nombreux, qui se présentent dans la pratique, ressemblerait au médecin qui voudrait traiter par un seul et même remède la totalité de ses malades, quels que fussent leurs tempéraments et leurs affections morbides. Il n'y a de panacée ni en médecine ni en architecture.

Quand on se propose de chauffer un local, il faut en mesurer la capacité ; — calculer la déperdition de la chaleur relativement à la différence des températures intérieure et extérieure, par l'effet du rayonnement à travers les vitres, et par la conductibilité des murs ; — faire entrer en ligne de compte le temps pendant lequel ce local doit être chauffé, et les intervalles plus ou moins longs qui causent un refroidissement plus ou moins complet. Toutes ces conditions étant déterminées, et d'autres encore, relatives à l'architecture, — à la disposition des lieux, — au genre de combustible que fournit le pays, — aux habitudes ou aux nécessités des individus ; — il faut peser les avantages ou les inconvénients de chaque système, et en faire un total, ou, pour nous servir d'une expression mathématique qui rende bien notre pensée, construire la *résultante*, afin de choisir le calorifère le plus utile.

Le meilleur système de chauffage étant fixé, l'architecte doit encore calculer les dimensions de chacune des parties de l'appareil de chauffage, et même estimer la quantité de charbon, ou de tout autre combustible, qui sera appelée à fournir la chaleur nécessaire.

Mais là n'est pas le point difficile. Les tables que l'on trouve dans les ouvrages spéciaux, montrent suffisamment la quantité de calories que chaque espèce de poêles ou de calorifères peut transmettre avec un foyer alimenté par un combustible quelconque. Le point délicat, celui que l'arithmétique et l'algèbre ne fournissent pas, et qui ne peut être saisi que par l'intelligence et l'habileté, c'est le choix du mode particulier de chauffage.

Il est cependant de grandes lignes que l'on peut tracer à cet égard. Nous allons donc essayer de dire sommairement quels appareils doivent être appliqués, selon les cas, au chauffage des maisons particulières et des divers édifices publics.

Pour aller du simple au composé, et du cas élémentaire au cas compliqué, nous commencerons par le problème le plus facile, sinon le plus fréquent : le chauffage des serres.

Il s'agit, dans ce cas particulier, de chauffer un espace d'une manière continue pendant des semaines, et quelquefois des mois entiers, et de le chauffer plus où moins, suivant que la température extérieure est plus ou moins basse.

Une serre présente une surface de vitrage considérable. Par les temps très-froids, on peut, il est vrai, couvrir cette surface de paillassons ; mais il ne faut pas abuser de ce moyen de conserver la chaleur, car les plantes ont grand besoin de lumière, et ce n'est pas sans inconvénient qu'on les abrite trop longtemps derrière des corps opaques. Il faut donc compter sur une déperdition de chaleur énorme. La conductibilité des murs cause relativement peu de perte, et il n'est pas nécessaire d'en tenir compte. Mais la question de l'humidité de l'air est importante ; car l'air chaud, quand il est trop sec, fait périr les plantes en les séchant outre mesure.

Autrefois, on chauffait les serres avec un poêle de fonte dont le tuyau débouchait à l'extérieur, après avoir couru dans toute la longueur du bâtiment. Ce système était économique, mais il était déplorable pour la santé des plantes. Les tuyaux, toujours mal joints, laissaient échapper dans la serre les gaz brûlés ; ou bien, si le tirage était fort, l'air de la serre passait dans le tuyau. Il se faisait ainsi un appel de l'air froid extérieur, qui entrait par les vitrages et refroidissait l'air. Enfin, on ne pouvait maintenir la chaleur à un degré convenable, ni surtout la répartir également dans toutes les parties de la serre.

Louis Figuier

Le calorifère à air chaud remplaça d'abord l'antique poêle. Mais les résultats ne furent pas beaucoup meilleurs. Nous avons suffisamment insisté sur les défauts des calorifères de cave, et sur les gaz asphyxiants qu'ils peuvent déverser dans l'air, pour que nous ne soyons pas obligé de revenir sur ce sujet.

Au commencement de notre siècle, l'ingénieur anglais Tredgold appliqua aux serres le chauffage par la vapeur, que nous avons décrit. Les plantes s'en trouvaient à merveille, à moins qu'une négligence dans le service ne les fît périr, gelées. En effet, les tuyaux chauffés par la vapeur se refroidissent très-vite ; de sorte que la moindre interruption dans le chauffage, amène le refroidissement subit de la serre.

Il fallait pour chauffer les serres un moyen qui n'obligeât pas à une surveillance aussi attentive. Le chauffage par la circulation d'eau chaude à air libre, est venu résoudre toutes les conditions du problème. C'est donc avec l'eau circulant dans des tuyaux, dans un appareil connu sous le nom de *thermosiphon*, que l'on chauffe aujourd'hui les serres. Une si grande quantité de chaleur peut être emmagasinée dans la capacité d'un calorifère à eau chaude, que l'action du foyer, lentement acquise, n'est pas diminuée plusieurs heures après qu'il est éteint.

On calcule, en général, qu'il faut donner 1 mètre carré de surface de tuyaux de chauffe par 5 mètres carrés de vitrage.

Ce rapide tableau des différents modes de chauffage des serres montre comment se pose le problème pour un lieu quelconque. L'architecte doit donc bien connaître et bien peser, avant de prendre une détermination, les qualités et les défauts de chacun des systèmes de chauffage.

Pour les cas qui vont suivre nous ne ferons plus de comparaison, nous nous bornerons à dire quel est le mode ou quels sont les modes les meilleurs à adopter.

Prenons d'abord le cas des écoles, ces véritables serres de jeunes êtres humains.

Ici deux systèmes peuvent être adoptés.

S'il s'agit d'un local vaste, et dans lequel les enfants doivent rester tout le jour, comme dans les salles d'asile, on fera bien de choisir le poêle à petite circulation d'eau chaude et à air libre, que nous avons déjà représenté (fig. 214). Cet appareil, chargé de coke le matin, donnera de la chaleur pendant toute la journée, sans qu'on ait autrement à s'en occuper. Il fournit, en outre, de l'eau chaude, pour les divers besoins du petit personnel de l'école.

S'il s'agit d'une école dans laquelle les élèves ne doivent rester que quelques heures chaque jour, c'est-à-dire pendant deux classes, le mieux et le plus simple sera d'installer un bon poêle de faïence. On allumera ce poêle quelques heures avant l'ouverture de la classe, afin qu'à ce moment la salle soit bien chauffée.

Nous avons supposé l'école isolée ; mais si, comme cela se présente souvent dans les petites communes, l'école est placée dans la même maison que la mairie, il faut alors chauffer d'un seul coup l'école et la maison, et dans ce cas, il faut avoir recours au calorifère de cave, ou au calorifère d'eau chaude à air libre.

Les grands amphithéâtres publics, les salles de cours de sciences et de lettres, à Paris et dans les départements, les salles de concerts et les théâtres, sont, en général, chauffés par les calorifères de cave, ou à air chaud. Les inconvénients ordinaires de ces calorifères, c'est-à-dire les maux de tête et les effets de congestion, chez les personnes qui séjournent dans ces lieux de réunion, se remarquent souvent. Cependant on se propose plutôt ici un problème de ventilation qu'une question de chauffage. Aussi ne traiterons-nous cette question que dans la *Notice sur la Ventilation*, qui suivra celle-ci.

Le chauffage des prisons exige des précautions particulières. Il faut cacher dans l'épaisseur des murs ou du plancher, les tubes porteurs de la chaleur et les autres parties de l'appareil, parce que les détenus pourraient les détériorer, ou s'en servir comme de porte-voix, de moyen de communication, etc. En outre, le chauffage doit être continu. Le calorifère à eau chaude et à air libre est le système le plus commode et le plus économique pour les petits établissements de ce genre.

Les prisons de plus grande importance ne peuvent être chauffées régulièrement qu'à l'aide du système mixte de chauffage à l'eau et à la vapeur, tel que l'a imaginé M. Philippe Grouvelle, pour la prison Mazas, à Paris.

Relativement aux hôpitaux, le problème est encore plein

Louis Figuier

d'incertitudes. Le difficile n'est pas de chauffer les salles ; car les calorifères de tout genre y parviennent facilement. L'important est de bien renouveler l'air et de chasser, par une ventilation suffisante, les odeurs et les miasmes. Nous nous réservons de traiter complètement cette question dans la *Notice sur la Ventilation*.

Arrivons au chauffage des maisons ordinaires d'habitation.

Les petits hôtels de Paris, occupés par une seule famille, sont, en général, pourvus d'un calorifère de cave. Le calorifère a été construit en même temps que la maçonnerie et les cloisons, par l'entrepreneur ou l'architecte. Nous avons signalé, dans un chapitre général, les inconvénients des calorifères de cave, leur action malfaisante sur la santé de bien des personnes. Il faut ajouter que, selon la disposition des lieux, selon les coudes qu'il faut imprimer aux tuyaux, selon la hauteur et le nombre des étages, etc., il y a des différences considérables dans le chauffage des différentes pièces exécuté par un calorifère de cave. L'arrivée de l'air chaud est aussi irrégulière qu'on puisse l'imaginer. Par exemple, si une fenêtre est ouverte, la chaleur de toutes les pièces diminue sensiblement par suite de l'appel considérable que fait à l'air chaud de tous les tuyaux de la maison cette large issue inopinément ouverte. Le calorifère de cave est un arbre aux cent branches qui plient au souffle de tous les vents. Ajoutons que, lorsque l'hôtel a trois étages, il est souvent impossible de faire parvenir l'air chaud jusqu'au troisième étage.

Ce mode de chauffage est donc bien insuffisant pour un hôtel. Aussi est-il indispensable d'y adjoindre le chauffage par les cheminées ordinaires. Ici, un mauvais système de chauffage en corrige un autre tout aussi mauvais.

Ce double mode de chauffage est dispendieux. Le calorifère brûle pour 3 à 4 francs de houille par jour, et les cheminées consument, en même temps, une certaine quantité de bois. Cependant, comme le propriétaire de l'hôtel ne se préoccupe que secondairement de la question d'économie, il préfère jouir du double bénéfice d'une bonne ventilation par les cheminées et d'un bon chauffage par le calorifère de cave. Le tirage d'une cheminée est, d'ailleurs, nécessaire pour activer la circulation de l'air chaud.

Pour les maisons ordinaires, dont les différents étages sont habités par divers locataires, le calorifère à circulation d'eau chaude et à air libre est celui qui présente le plus d'avantages, tant sous le rapport de l'économie que pour la salubrité.

S'il s'agit d'une maison de commerce ou d'un atelier d'industrie, dont toutes les pièces ne doivent pas être chauffées en même temps, ni aux mêmes heures, le calorifère à vapeur et à haute pression dont l'action est si rapide et l'usage si économique, est un système excellent, et supérieur au précédent.

Enfin, si, dans ces mêmes maisons, certaines parties devaient être continuellement chauffées et d'autres seulement à de rares intervalles, il conviendrait de chauffer les premières en faisant arriver la vapeur par des circuits limités, dans des vases chauffeurs, selon le procédé de M. Grouvelle.

Malheureusement le temps n'est pas encore venu où les maisons seront chauffées par les moyens rationnels que nous venons de décrire. Aujourd'hui, en France, le calorifère est l'exception, et la cheminée la règle. On se chauffe chacun à sa manière, chacun chez soi, et non collectivement. La cheminée, avec ses énormes déperditions de calorique, est à peu près le seul mode de chauffage, et dans les petits hôtels de Paris, où l'on se donne volontiers le luxe d'un calorifère, on adopte toujours le calorifère de cave, le plus vicieux de tous. Ainsi, dans l'état présent des choses, nous sommes dans l'alternative de nous asphyxier par les gaz d'un calorifère de cave, ou de jeter inutilement dans l'atmosphère, par le tuyau des cheminées, les huit dixièmes de la chaleur du combustible.

Le chauffage par les poêles serait encore préférable à ces deux systèmes, n'était son évidente insalubrité.

Nous sommes donc obligé, parvenu au terme de cette Notice, de conclure, avec tristesse, que le problème du chauffage économique dans les habitations, c'est-à-dire la question essentielle du chauffage, est encore à résoudre, au moins en France. Nous aurions à modifier cette conclusion, si nous l'étendions à tous les pays. En Angleterre, où les calorifères à circulation d'eau chaude sont assez répandus ; dans le nord de l'Allemagne et de la Russie, où les poêles sont construits avec une entente sérieuse des besoins domestiques, notre appréciation perdrait de sa justesse. Mais nous avons surtout en vue dans ce livre les us et coutumes de notre vieille France. Tant pis pour les traducteurs et contrefacteurs étrangers de nos

Louis Figuier

ouvrages !

CHAPITRE XV

ORIGINE DU CHAUFFAGE PAR LE GAZ. — APPAREIL ROBISON. —
QUALITÉS ET DÉFAUTS DU CHAUFFAGE PAR LE GAZ D'ÉCLAIRAGE.
— CHEMINÉES ET POÊLES À GAZ, — APPAREILS DIVERS POUR
LE CHAUFFAGE PAR LE GAZ. — FOURNEAUX DE CUISINE,
RÔTISSOIRES, ETC. — FOURNEAUX DES PHARMACIENS, DES
COIFFEURS, FERS À SOUDER. — UTILITÉ SPÉCIALE DU CHAUFFAGE
AU GAZ. — LA CHERTÉ EXCESSIVE DU GAZ EMPÊCHE SON
APPLICATION GÉNÉRALE AU CHAUFFAGE DES APPARTEMENTS.

Nos lecteurs savent déjà que Philippe Lebon, qui créa l'éclairage au gaz, voulait aussi consacrer le gaz au chauffage. Par son *thermolampe*, il entendait utiliser le nouvel agent pour le chauffage, aussi bien que pour l'éclairage, et il voulait même l'employer comme force motrice. Ces trois points sont spécifiés, ainsi que nous l'avons dit, dans le brevet d'invention qui fut accordé à Philippe Lebon, le 6 vendémiaire an VIII, ainsi que dans les brevets de perfectionnement et d'addition, datant du 7 fructidor an IX.

C'est donc à Philippe Lebon qu'il faut rapporter l'honneur de l'invention du chauffage au gaz.

En parlant du pétrole, nous avons dit que, de temps immémorial, dans certaines régions de la Chine riches en gisements d'huile minérale, les habitants savent se chauffer, cuire leurs aliments et utiliser dans leur industrie le gaz combustible, composé de vapeurs de pétrole et de gaz hydrogène bicarboné, qui se dégage des fissures du sol. Les Chinois reçoivent et dirigent ces vapeurs inflammables jusque dans leurs maisons, par des tuyaux de bambou artistement ajustés.

Ce n'est là, toutefois, qu'un accident de peu d'importance, un fait tout local, qui ne peut en aucune manière autoriser à accorder aux Chinois l'invention du chauffage par le gaz, et qui ne peut rien ôter au mérite de notre compatriote Philippe Lebon.

En France et en Angleterre, on essaya, au commencement de notre siècle, d'appliquer le gaz de l'éclairage à la cuisson des aliments. Mais les résultats de cet essai furent d'un avantage douteux. Ce combustible n'était rien moins qu'économique, et il dégageait, en brûlant, une odeur désagréable, ainsi que de la fumée.

Ce n'est qu'en 1835, qu'un savant anglais, Robison, secrétaire de la *Société royale d'Édimbourg*, trouva le moyen de brûler le gaz de l'éclairage, de telle sorte qu'il ne répandît ni odeur ni fumée.

M. Payen, dans un rapport fait en 1839, à la *Société d'encouragement*, décrivait ainsi l'appareil inventé par Robison :

« L'appareil se compose d'un tube conique ouvert des deux bouts, offrant à sa partie inférieure une section de 6 pouces de diamètre, sa hauteur est d'un pied, et sa section à la partie supérieure, de 3 pouces de diamètre. Celle-ci est recouverte d'une toile métallique en cuivre offrant cinquante mailles par pouce carré ; trois pieds adaptés à la partie inférieure de ce tube le supportent à 6 lignes du plan sur lequel il est posé ; trois montants en tôle ; fixés sur deux cercles, peuvent à volonté envelopper le tube, et soutenir à un pouce au-dessus de la toile métallique le vase qu'on se propose de chauffer. »

On coiffait un bec de gaz d'une sorte d'entonnoir conique en métal, pourvu d'une grille. Quand on voulait avoir du feu, on ouvrait le robinet ; le gaz se mélangeait avec l'air, et on l'allumait au-dessus de la grille, sans qu'il y eût danger que l'inflammation se propageât dans l'intérieur de l'entonnoir. On obtenait ainsi une flamme bleue, courte, peu éclairante, mais fort chaude et très-différente de la flamme ordinaire des becs à éclairage.

La flamme du gaz brûlant dans les becs ordinaires, doit son éclat à ce que le gaz, se dégageant du tuyau en nappe non mêlée à l'air, ne brûle que par sa surface. Les parties internes de la flamme, qui ne sont pas en contact avec l'air, sont simplement décomposées par la chaleur, et laissent déposer du charbon en petites masses solides. Ce sont ces petites particules de charbon, que la chaleur ne peut ni fondre, ni volatiliser, qui, absorbant et réfléchissant la lumière, communiquent à la flamme un vif éclat. Ici, au contraire, le gaz ne brûle point à sa sortie du tuyau. Il se mélange, à l'intérieur de l'entonnoir, à l'air appelé par la chaleur de la combustion, et le

Louis Figuier

mélange est si intime qu'aucune partie du gaz n'est décomposée avant d'être brûlée, et que le charbon ne se dépose pas, mais se transforme immédiatement en acide carbonique. C'est pour cela que la flamme est peu lumineuse mais très-chaude.

Si le vase à chauffer était posé sur la flamme éclairante d'un bec de gaz ordinaire, il refroidirait le gaz par son contact, et une partie de ce gaz échapperait à la combustion. Avec l'appareil de Robison, dans lequel le gaz se mélange à l'air avant de brûler, chaque molécule de gaz étant, pour ainsi dire, accompagnée de la molécule d'air qui doit la brûler, aucune n'échappe à la combustion, et le gaz brûle sans odeur ni fumée.

Le premier physicien qui ait proposé, dans notre pays, des appareils de chauffage du genre de ceux qui viennent de nous occuper, est M. Merle, auteur d'un *Manuel sur le gaz de l'éclairage*, publié en 1837.[1] Dans cet ouvrage, l'auteur donne la description succincte d'un fourneau de cuisine au gaz, pour lequel il avait obtenu un brevet d'invention.

L'appareil de M. Merle ne se répandit pas, et resta même complètement ignoré.

En Angleterre, on se livra, postérieurement, à quelques essais pour la cuisine au gaz ; mais ces tentatives, faites sans suite, obtinrent très-peu de succès.

C'est à M. Hugueny, pharmacien à Strasbourg, que revient le mérite d'avoir résolu le problème pratique de l'emploi du gaz comme source commode et usuelle de calorique. À une époque où l'on ne connaissait encore que les imparfaites tentatives faites en Angleterre pour la cuisine au gaz, c'est-à-dire de 1846 à 1848, M. Hugueny, par une série d'expériences bien dirigées, parvint à rendre tout à fait usuel l'emploi du gaz dans les conditions générales du chauffage domestique. En 1848, M. Hugueny fut breveté pour ses procédés. Il obtint une mention à l'Exposition de l'industrie de 1849, et publia, sous le titre de *Manuel de chauffage au gaz*, une courte notice lithographiée, dans laquelle on trouve exposés tous les avantages de ce nouveau mode d'emploi du calorique, avec la description des appareils imaginés par l'inventeur. M. Hugueny se servait de robinets percés d'un grand nombre de trous, qui

1 Un vol. in-12, page 64, chez Roret. Paris, 1837.

donnaient passage à des lames gazeuses de différentes dimensions.

L'Exposition universelle de Londres, en 1851, ne permit de constater aucun progrès notable dans l'emploi du gaz comme moyen de chauffage.

Après cette époque, M. Elssner, de Berlin, perfectionnant les dispositions proposées en France, substitua aux robinets percés de trous, employés par le pharmacien de Strasbourg, des lames métalliques, persillées d'un grand nombre de très-petits orifices, et composant une espèce de tamis métallique. Cette forme est la plus avantageuse pour la généralité des applications du gaz dans les divers cas de chauffage. M. Elssner avait envoyé tous ses modèles à l'Exposition universelle de 1855.

Les *poêles à gaz* que M. Elssner proposait pour le chauffage des appartements, se composent d'un tuyau cylindrique, en tôle, qui enveloppe de toutes parts la flamme du gaz. L'air chaud se dégage dans l'appartement, et il persiste sans trouver d'issue au dehors ; la température du lieu est ainsi promptement élevée, et elle se maintient constante.

Cette combustion du gaz dans l'intérieur des appartements, sans qu'il existe de communication avec l'extérieur, pour le dégagement de l'acide carbonique, n'est pas sans inconvénients pour la santé des personnes qui séjournent dans cet espace. On avait, dans le début, ouvert aux produits de la combustion une communication avec le dehors, en surmontant l'extrémité du tuyau du poêle à gaz, d'une sorte d'entonnoir, terminé par un tube de fer d'un diamètre médiocre, qui aboutissait au tuyau d'une cheminée ; mais cet accessoire fut supprimé à grand tort. On pensait que les communications accidentelles, qui s'établissent forcément avec l'air extérieur, dans une pièce chauffée, suffiraient pour rendre tout à fait inoffensive la quantité d'acide carbonique qui provient de la combustion du gaz. Mais l'expérience a prouvé que le gaz, en brûlant ainsi à l'air libre, et sans que les produits de sa combustion trouvent une issue au dehors, répand une odeur désagréable, et même n'est pas sans danger.

Les *fourneaux à gaz*, que M. Elssner construisit pour le service des cuisines, sont presque en tout semblables aux fourneaux qui sont en usage dans nos ménages et où l'on brûle de la houille. Ils

Louis Figuier

consistent en une sorte de caisse de fer quadrangulaire, sur laquelle on a pratiqué diverses cavités circulaires, qui sont occupées par une lame métallique persillée de trous, livrant passage au gaz. Enflammé sur ce tamis métallique, le gaz sert à toutes les opérations de cuisine.

La *boîte à rôti*, qui ne fait pas partie de ce fourneau métallique, est une boîte de fer rectangulaire : le gaz y sort, à l'intérieur, par quatre jets disposés longitudinalement sur chaque face de la boîte. On suspend entre ces quatre jets de gaz la pièce à rôtir, qui n'a pas besoin d'être retournée, comme sur nos tourne-broches, puisqu'elle est soumise à l'action du feu de tous les côtés à la fois. La petite quantité d'eau dont nos ménagères ont coutume d'arroser les pièces à rôtir, pendant leur cuisson, peut être versée par une étroite ouverture munie d'un entonnoir, situé à la partie supérieure de la boîte ; le jus de la viande est recueilli dans un petit tiroir placé au bas.

Tels étaient les appareils que M. Elssner avait envoyés, en 1855, à l'Exposition universelle.

Nous avons dit, dans l'histoire de l'*Éclairage au gaz*, que la *Compagnie parisienne pour le gaz de l'éclairage* avait obtenu, en 1856, par suite de la fusion en une seule de toutes les anciennes compagnies de la capitale, le privilège exclusif, à Paris, pendant cinquante ans, de l'application du gaz à l'éclairage et au chauffage. Après avoir régularisé l'exploitation du gaz destiné à l'éclairage, la *Compagnie parisienne* s'occupa de son application au chauffage. En 1858, elle établit, dans une boutique de la place du Palais-Royal, une sorte d'exposition permanente (qui existe encore) des divers appareils qui permettent de consacrer le gaz au chauffage domestique et industriels

Dès ce moment la méthode de chauffage par le gaz prit à Paris, une certaine extension.

L'Allemagne, on vient de le voir, nous avait devancés dans cette voie. C'est que la houille est à plus bas prix dans ce pays qu'en France, et que, par conséquent, le gaz de l'éclairage y est moins cher.

Après ce court historique, nous allons donner la description des principaux appareils qui servent à réaliser le chauffage au gaz.

CHAPITRE XV

Nous commencerons par les appareils destinés à chauffer les appartements.

Le volume de gaz nécessaire pour le chauffage, est toujours considérable, parce que l'on ne pourrait songer à laisser brûler le gaz, comme celui d'un bec ordinaire d'éclairage, à l'intérieur de la pièce. La prudence exige que l'on dirige au dehors, au moyen d'un tube spécial, les produits de la combustion.

On estime à un mètre cube par heure (coûtant 30 centimes) le volume de gaz qu'il faut brûler pour entretenir à la température de 15 degrés, une pièce bien close, de la capacité de 100 mètres cubes, la température du dehors étant de 4 à 5 degrés.

C'est là une dépense considérable. Le chauffage par le gaz est plus dispendieux encore que le chauffage par les cheminées ordinaires, consommant du bois.

Les foyers à gaz que l'on trouve chez les appareilleurs, présentent à peu près les dehors d'un foyer ordinaire de cheminée. Sur des chenets sont placées des bûches en fonte ou en terre réfractaire, incombustibles, par conséquent, et imitant le bois, telles que les représente la figure 220. Le gaz traverse ces bûches, et se dégage par une foule de pertuis percés sur les faces antérieures. Cette innocente invention, qui a pour objet d'imiter avec le gaz l'aspect des foyers ordinaires des cheminées, n'a rien d'utile.

Fig. 220. — Bûches en fonte imitant le bois.

On donne aux foyers à gaz brûlant dans les cheminées, d'autres dispositions plus élégantes. Telles sont, par exemple, celles que représentent les figures 221 et 222 et que l'on connaît sous le nom de *Foyer anglais*. Le rideau autour duquel brûle le gaz, est en toile d'amiante, matière incombustible et qui réfléchit avec vivacité la lumière.

Louis Figuier

Fig. 221. — Foyer d'amiante.

Fig. 222. — Foyer d'amiante.

Nous représentons à part (fig. 223) ce rideau, qui est mobile et peut s'enlever au moyen d'une charnière et d'un anneau (A).

Fig. 223. — Rideau du foyer d'amiante.

CHAPITRE XV

Nous préférons à ce système le *poêle à gaz*, représenté par les figures 224 et 225. Le gaz est brûlé à l'intérieur d'une capacité cylindrique de tôle, et les produits de la combustion sont évacués par un tube, qui perce le mur, ou se rend dans une cheminée. Ce cylindre est pourvu, à l'intérieur, d'un second cylindre de tôle, qui n'est pas représenté sur cette figure et qui est, lui-même, percé d'un orifice A servant de bouche de chaleur. L'air chaud s'échappe par cette bouche de chaleur, et se répand dans la pièce.

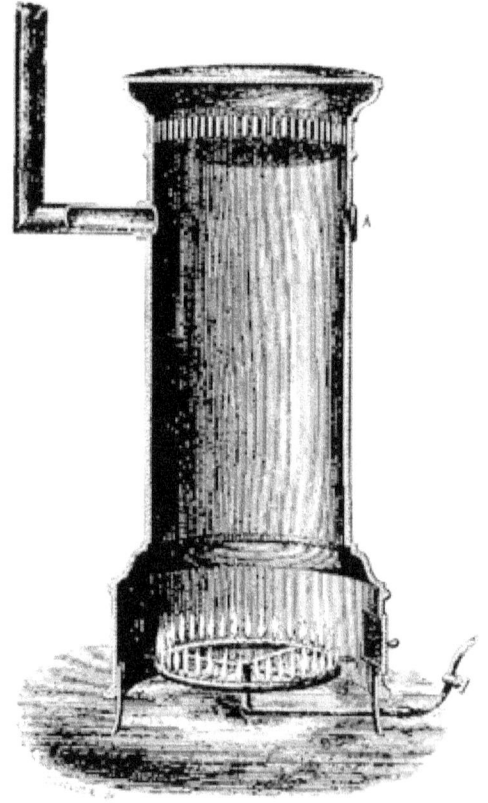

Fig. 224. — Poêle à gaz.

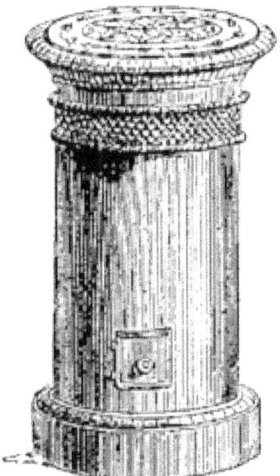

Fig. 225. — Poêle à gaz.

La figure 225 représente l'aspect extérieur de ce même poêle.

Le chauffage par le gaz de l'éclairage mêlé d'air, est d'un usage éminemment précieux dans les laboratoires de chimie. Cette méthode a permis de s'affranchir des pertes de temps considérables et des soins ennuyeux qu'exigeait autrefois l'allumage des fourneaux brûlant du charbon de bois. Elle a permis, en même temps, de mieux régler la direction et l'intensité de la chaleur. Il n'est pas aujourd'hui, dans le monde entier, un laboratoire de quelque importance, qui ne possède le *chalumeau à gaz* pour fondre et modeler le verre, — le fourneau à gaz pour les analyses organiques, — les lampes à gaz, munies de leur support, pour chauffer les divers récipients et préparer les réactions, etc.

CHAPITRE XV

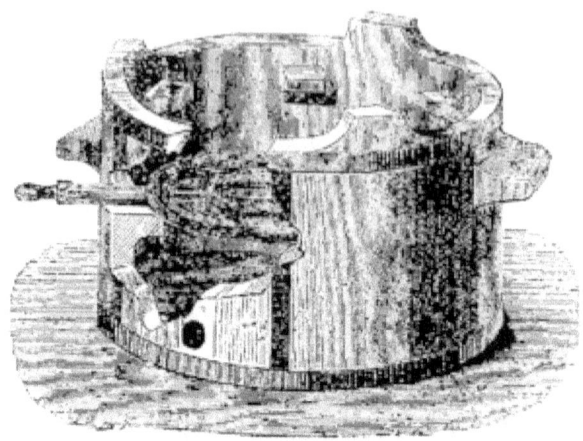

Fig. 226. — Fourneau à gaz pour les laboratoires de chimie.

La figure 226 montre la disposition du fourneau à gaz en usage dans les laboratoires de chimie. La figure 227 reproduit une autre forme de fourneau pour les laboratoires de chimie.

Fig. 227. — Autre fourneau à gaz pour les chimistes.

Les laboratoires des photographes sont aussi pourvus d'un petit appareil à gaz (*fig.* 228), propre au séchage des glaces destinées à recevoir la couche de collodion.

Louis Figuier

Fig. 228. — Fourneau à gaz des photographes.

Sur le comptoir de presque toutes les pharmacies on trouve de petits fourneaux à gaz (*fig.* 229), très-utiles pour le cachetage, le chauffage des liquides, et même la confection des emplâtres et des sparadraps.

Fig. 229. — Fourneau à gaz des pharmaciens.

Les coiffeurs ont aussi leur fourneau (*fig.* 230) pour chauffer les fers à papillotes.

CHAPITRE XV

Fig. 230. — Chauffe-fers des coiffeurs.

Tous ces appareils sont trop simples pour que les dessins que nous en donnons ne suffisent pas, sans autre description, à leur parfaite intelligence.

Les plombiers et ferblantiers se servent du gaz pour chauffer les parties de zinc ou de fer-blanc qu'il s'agit de souder.

L'appareil consiste en un tube de caoutchouc terminé par un ajutage de cuivre.

Dans les bureaux de tabac, on fait usage, d'un allume-cigare, qui n'est autre chose qu'un tube conducteur en caoutchouc, pourvu, à l'intérieur, d'une valve. Quand on tient la poignée de l'*allume-cigare*, la valve s'ouvre et le jet de gaz, subitement agrandi, devient une flamme longue et aiguë. Quand on cesse de tenir à la main la poignée, la valve se referme et la flamme se réduit à des dimensions presque nulles.

Nous ne pouvons résister au désir de mentionner ici les principaux appareils en usage dans les cuisines où le gaz est employé.

Louis Figuier

Fig. 231. — Fourneau à gaz des cuisines.

La figure 231 représente le fourneau à gaz dit *Cuisinière à cinq feux*. Les fourneaux A, A ; B, B, reçoivent les casseroles. Le gaz brûle également à l'intérieur du four, et la chaleur perdue sert à chauffer l'eau du bouilleur, C. Le gaz est distribué à l'intérieur de ce fourneau, par un tuyau de cuivre, qui pénètre par la partie inférieure de la caisse.

CHAPITRE XV

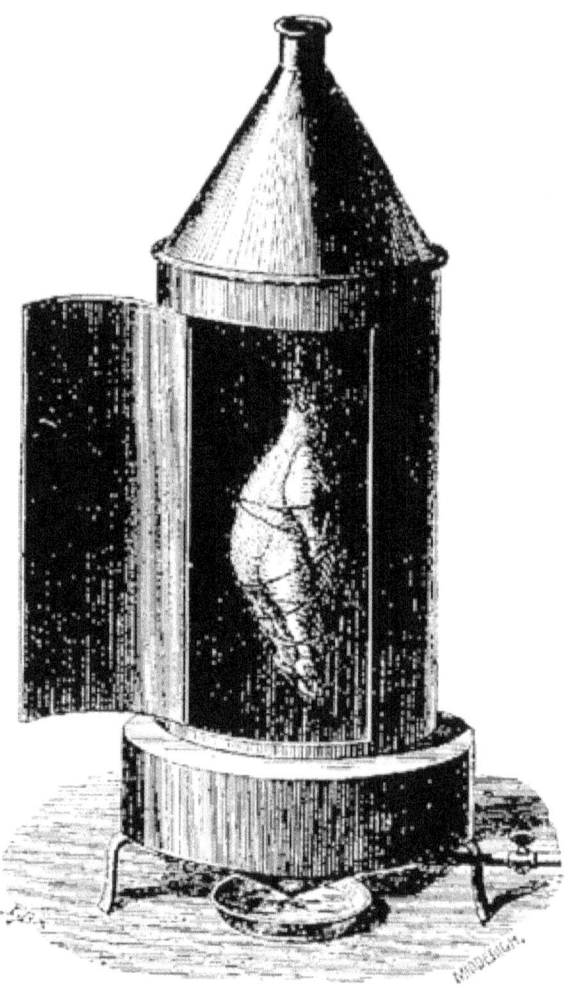

Fig. 232. — Rôtissoire.

La *rôtissoire* ne fait pas partie de ce fourneau. C'est un appareil à part, dont nous donnons ici la figure. Les jets de flamme, en forme de couronne circulaire, sont placés dans le bas de la boîte. Les courants d'air chaud circulent dans l'intérieur, échauffant, au degré convenable, la volaille ou la pièce quelconque à rôtir, et sortent par l'orifice du tube fixé à la partie supérieure. Le jus tombe dans une lèche-frite, d'où on le reprend de temps en temps avec une cuillère, pour arroser le côté.

Comme la combustion du gaz est très-complète et qu'il ne se dégage dans la boîte aucun produit nuisible, le rôti cuit de cette manière n'a aucun goût désagréable, et n'exhale que le meilleur fumet.

Fig. 233. — Grillade à côtelettes.

Sur le même principe, M. Legrand, un de nos principaux constructeurs d'appareils à gaz, a construit la *grillade pour côtelettes*, que représente la figure 233. Le gaz brûle en sortant des tubes E, persillés de trous. Ces tubes peuvent être ramenés au-devant du fourneau DD en tirant la tige G, et de cette manière, chauffer plus ou moins la côtelette. Avec cet appareil, une cuisinière exercée saura donner un feu vif au commencement de l'opération, pour coaguler l'albumine à la surface de la chair, et empêcher que le jus ne s'écoule ; puis, tournant un peu le robinet G, elle modérera la chaleur pour lui laisser le temps de bien pénétrer jusqu'au centre, et de ramollir tout le morceau sans que la surface soit charbonnée. Ces principes ont été fort clairement définis par le célèbre Brillat-Savarin. Avec une grille ordinaire à charbon, il faudrait exécuter un tour de main fort difficile pour arriver au même résultat.

On a encore imaginé une petite armoire métallique destinée à tenir les assiettes chaudes. C'est ce que représente la figure 234.

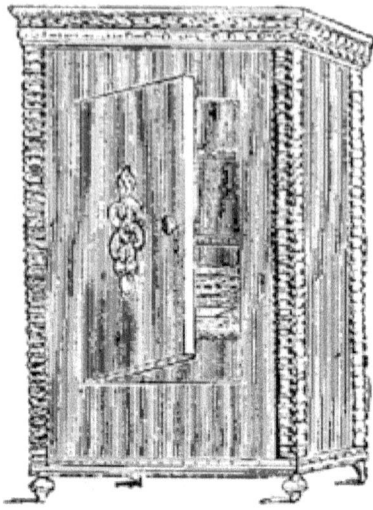

Fig. 234. — Chauffe-assiettes à gaz.

Dans le numéro du 22 mai 1869 de la *Science pour tous*, M. Jouanne a essayé d'évaluer la dépense du gaz dans les fourneaux destinés à la cuisine. Il a opéré avec des appareils perfectionnés, qui consomment moins de gaz que les fourneaux à gaz ordinaires, parce qu'ils produisent un mélange d'air et de gaz, ce qui est un grand avantage sous le rapport de l'économie.

Bien que s'écartant des données habituelles de la pratique, les évaluations auxquelles a été conduit M. Jouanne sous le rapport du prix du chauffage dans les fourneaux de gaz, sont intéressantes à recueillir, vu le peu d'expériences qui ont été faites jusqu'ici pour éclaircir cette question.

« Dans une série d'expériences que nous avons exécutées avec des fourneaux destinés à la cuisine, qui fonctionnaient avec un mélange d'air et de gaz, nous avons trouvé, dit M. Jouanne, que la dépense moyenne était :

Louis Figuier

1° Pour le grand feu	260	litres à l'heure
2° Pour le moyen feu	140	—
3° Pour le petit feu	50	—

« Si l'on voulait, par exemple, appliquer les fourneaux en question à la cuisson d'un pot-au-feu, nous avons observé que le grand feu, soutenu pendant vingt minutes environ, suffisait pour obtenir une ébullition vive, et faire écumer la viande ; après ce court espace de temps, on pourrait réduire considérablement la flamme, au moyen du robinet, et entretenir l'ébullition pendant plusieurs heures avec le petit feu seulement.

« En admettant donc une durée de quatre heures pour la durée de la cuisson complète, ainsi que l'expérience nous l'a démontré, et en supposant que le prix du gaz soit, comme à Paris, de $0^f,30$ par mètre cube, il est facile de se rendre compte de la dépense de combustible qu'on a pu faire. Le grand feu maintenu pendant vingt minutes aura consommé $86^{lit},60$; la combustion du petit feu pendant le reste du temps, c'est-à-dire pendant 3 heures 40 minutes, aura consommé $953^{lit},60$; soit pour les quatre heures, en tout, $1040^{lit},20$, ce qui fait, en argent, $0^f,3120$.

« Si maintenant on tient compte de la commodité et de la propreté du service, de l'économie qui résulte de l'instantanéité de l'allumage et de l'extinction, et enfin de la suppression de tous les inconvénients du charbon, il est facile de reconnaître les avantages que le chauffage au gaz est susceptible de procurer pour la cuisine, surtout dans les localités où le charbon de bois est d'un prix élevé. »

On a encore fabriqué un appareil pour chauffer l'eau dans les salles de bains des appartements. Le gaz est disposé de manière à chauffer une certaine quantité d'eau contenue dans un manchon de large diamètre, en communication avec l'eau de la baignoire. Cette eau étant chauffée et devenue plus légère, s'élève, et est remplacée par de l'eau froide de la baignoire. Grâce à cette circulation constante du liquide, l'eau de la baignoire est promptement chauffée. Pour porter à la température de 140 degrés toute l'eau d'un bain ordinaire, il faut brûler près de 2 000 litres de gaz qui représentent à Paris une dépense de 60 centimes.

Pour terminer, nous formulerons avec précision le degré d'utilité du gaz de l'éclairage consacré au chauffage.

Les exemples que nous venons de donner, montrent combien l'emploi du gaz de l'éclairage, comme moyen de chauffage, est commode dans un grand nombre de circonstances. Il ne faut pourtant pas se faire illusion. Le gaz appliqué au chauffage ne peut être avantageux, vu le prix élevé de ce combustible, que lorsqu'on n'a besoin que d'une action de courte durée, comme pour chauffer une salle à manger, ou un cabinet de toilette, où l'on ne passe que quelques instants.

Il est d'un usage très-avantageux quand on ne s'en sert que d'une façon intermittente, comme pour les fourneaux des pharmaciens et des coiffeurs, pour les fours à souder, etc. Dans la cuisine, il est extrêmement utile pour fournir un feu ardent, subit, qu'il ne faut soutenir que peu de temps.

Mais quand le chauffage doit avoir une certaine durée, le gaz perd tous ses avantages. S'il s'agit, par exemple, de chauffer une salle un peu vaste, pendant plusieurs heures consécutives, le chauffage par le bois ou par la houille l'emporterait de beaucoup sur ce système, au prix énorme que coûte aujourd'hui le gaz qui est, comme nous l'avons dit, de 30 centimes le mètre cube à Paris. À ce prix, le gaz ne sera jamais qu'un combustible de luxe. C'est le plus dispendieux de tous les moyens de chauffage. Aussi n'est-il aujourd'hui employé à cet usage que d'une manière exceptionnelle.

CHAPITRE XVI

LE CHAUFFAGE AU GAZ HYDROGÈNE PUR. — SOLUTION DU CHAUFFAGE DOMESTIQUE PAR L'EMPLOI DU GAZ HYDROGÈNE PUR.

Si le gaz de houille est le plus dispendieux de tous les moyens de chauffage, cela tient à ce qu'il faut le brûler dans un foyer communiquant avec l'air extérieur, c'est-à-dire dans un poêle. Il est indispensable d'évacuer au dehors les produits de la combustion de ce gaz, qui consistent en eau et en gaz acide carbonique. Sans cela il arriverait ce qui arrive quand on brûle du charbon ou du bois dans une pièce close : le charbon en brûlant dégage de l'acide carbonique, qui altère l'air et le rend irrespirable. De là l'obligation de faire dégager au dehors les produits de la combustion. De là la nécessité de brûler le gaz dans un foyer tel que le représente la figure 235, que vendent les appareilleurs à gaz, et qui n'est qu'une cheminée ordinaire, dans laquelle le gaz remplace le charbon ou le bois.

Fig. 235. — Foyer à gaz.

On a essayé d'appliquer le gaz au chauffage des églises de la ville de Berlin. Le *Journal de l'éclairage au gaz*, dans son numéro du 20 avril 1869, entre dans de grands détails sur le prix de revient de ce mode de chauffage, et sur les dispositions qui ont été employées pour brûler le gaz. La dépense n'est pas considérable ; mais comme le gaz brûle simplement à l'intérieur de l'église, sans que les produits de la combustion soient évacués au dehors par un conduit particulier, on voit se produire les inconvénients que nous signalions plus haut. Les produits de la combustion vicient l'air et le chargent d'odeurs désagréables. Dans l'article de la *Science pour tous* que nous avons déjà cité, M. Jouanne, après avoir rapporté ce qui s'est fait à Berlin, pour le chauffage des églises par le gaz, ajoute :

« Cette application du chauffage laisse beaucoup à désirer. Elle développe dans l'intérieur des édifices une odeur désagréable et nauséabonde, qui résulte en, partie de la combustion des corpuscules organiques que l'air tient en suspension ; on n'éviterait cette odeur, par une ventilation convenable, qu'en tombant dans un autre inconvénient, puisque cette ventilation enlèverait, avec l'odeur, une notable partie du calorique.

« L'acide carbonique et la vapeur d'eau produits par la combustion contribuent encore à vicier l'atmosphère, et, si le gaz n'est pas parfaitement épuré, les petites quantités d'hydrogène sulfuré et de sulfhydrate d'ammoniaque qu'il peut contenir dégagent, par leur décomposition, des gaz qui noircissent les dorures, les vases et les chandeliers en argent. »

Il est donc de toute nécessité, quand on veut chauffer les édifices ou les appartements au moyen du gaz, d'évacuer au dehors, par un conduit, les produits de la combustion. Or, avec cette disposition, la quantité de gaz que l'on consomme est vingt fois plus forte, et la dépense d'un tel mode de chauffage dépasse toute mesure.

Mais s'il était possible, au lieu de brûler le gaz dans un foyer communiquant avec l'air extérieur et de perdre ainsi le bénéfice de l'air chaud qui s'envole au dehors, de brûler, sans inconvénient ni danger, le gaz dans une pièce entièrement close, on aurait l'avantage de conserver l'air chaud à l'intérieur de la pièce. Dès lors, il ne serait plus nécessaire de brûler un aussi grand volume de gaz, et la quantité de fluide combustible dépensé pour chauffer la pièce étant très-faible, le chauffage deviendrait économique.

Or, il est un gaz dont on peut retenir, non-seulement sans danger, mais avec avantage, les produits de la combustion dans une pièce close. Ce gaz, c'est l'hydrogène pur.

L'industrie peut produire le gaz hydrogène pur avec abondance et dans des conditions assez économiques, comme nous l'avons montré en décrivant les préparations du *gaz extrait de l'eau* par le

Louis Figuier

procédé de M. Gillard.

Ce gaz serait excellent, comme moyen et comme agent de calorique ; il l'emporterait de beaucoup, sous ce rapport, sur le gaz tiré de la houille. Voici sur quels motifs nous croyons pouvoir fonder cette opinion.

Le gaz hydrogène est de tous les gaz, celui dont la puissance calorifique est la plus considérable. Il résulte de là qu'il est le plus économique comme agent de chaleur. D'un autre côté, ce gaz ne donne naissance, en brûlant, à aucun autre produit qu'à de la vapeur d'eau, résultant de la combinaison entre le gaz hydrogène et l'oxygène de l'air. Il est donc bien préférable, sous ce point de vue, au gaz extrait de la houille, ou hydrogène bicarboné, qui donne nécessairement, en brûlant, de l'acide carbonique, et qui exhale, en outre, quand il est mal épuré, de l'acide sulfureux, dont la présence dans l'atmosphère est éminemment nuisible.

Le gaz hydrogène, ne produisant que de l'eau par sa combustion, ne répand dans l'atmosphère aucun produit dangereux, car la vapeur d'eau qu'il y verse, loin d'offrir des inconvénients, présente l'avantage de rendre à l'air, desséché par la chaleur du foyer, son humidité normale. Nous avons approuvé et recommandé la coutume, bonne et sage, de placer sur les poêles de fonte un vase rempli d'eau, afin que l'évaporation de ce liquide restitue à l'atmosphère, desséchée par la chaleur du poêle, la quantité d'eau qu'elle a perdue. La combustion du gaz hydrogène dans l'air d'une chambre, produirait naturellement le même effet. Dans cette curieuse circonstance, on voit donc le feu corriger lui-même ses mauvais effets ; et comme disait la chanson, à propos de la première pompe à feu établie à Chaillot,

On voit, ô miracle nouveau !

Le feu devenu porteur d'eau.

Nous ajouterons une autre considération à l'appui de la même idée. Quand la vapeur d'eau résultant de la combustion du gaz hydrogène pur, se condense, une nouvelle quantité d'air s'introduit dans l'appartement, pour combler le vide laissé par le changement d'état de la vapeur. La quantité d'air ainsi appelée du dehors, serait assez considérable pour entretenir le foyer, sans produire néanmoins une ventilation exagérée, comme il arrive pour les cheminées.

Ainsi, avec le chauffage des appartements par le gaz hydrogène pur, on n'aurait qu'une faible dépense de gaz combustible ; on verserait dans l'air de la pièce de la vapeur d'eau, utile à nos organes ; enfin on provoquerait l'appel d'air nécessaire à la combustion du foyer, sans provoquer une ventilation trop énergique.

Les avantages généraux de ce mode de chauffage seraient, d'ailleurs, de plus d'un genre. Essayons de les énumérer.

Que l'on veuille bien admettre un instant avec nous, que le chauffage par le gaz hydrogène pur soit installé dans nos maisons. Supposez donc, cher lecteur, qu'au lieu de vous chauffer, devant le traditionnel foyer de votre cheminée, à l'aide d'un feu de bois qui rôtit vos tibias, pendant qu'un courant d'air froid, qui se glisse sournoisement par-dessous la porte, vient vous glacer les talons et le dos ; supposez que votre appartement soit soumis à la douce influence du calorique émané d'un jet de gaz hydrogène artistement disposé. Admettez encore que votre intelligente ménagère ait remplacé, dans sa cuisine, le dispendieux charbon de bois par le service complaisant du gaz hydrogène, et permettez-nous d'énumérer les avantages, les bénéfices, les jouissances diverses qui résulteraient pour vous de cette substitution heureuse.

Il y aurait, en premier lieu — mettons l'utile avant l'agréable — une économie importante sur la somme annuellement consacrée à l'achat du combustible. Au lieu de bois, si l'on brûlait un peu de gaz hydrogène pur, dans une chambre close, il ne faudrait qu'un faible volume de gaz pour échauffer cette enceinte et la maintenir chaude.

Nous rappellerons à l'appui de cette assertion, qu'une lampe à modérateur, ou un quinquet ordinaire, brûlant pendant une heure dans un appartement fermé, de dimensions moyennes, élève de plus de 10 degrés la température de cette enceinte. Tout le monde connaît la chaleur, vraiment insupportable, que l'on ne tarde pas à éprouver dans les magasins fermés où brûlent trois ou quatre becs de gaz. Ce dernier effet calorifique est dû à ce que l'air échauffé ne se perd point au dehors, et que la chaleur dégagée par la combustion est ainsi mise à profit dans sa totalité. On comprend donc combien on échaufferait vite une pièce en y brûlant du gaz hydrogène pur.

Louis Figuier

À cette première économie sur l'agent du chauffage pris en lui-même, il convient d'ajouter celle que l'on réaliserait, d'un autre côté, en se trouvant débarrassé de l'emmagasinage du bois et du charbon, de leur transport journalier par les domestiques, des détournements, des vols, etc.

Ce qui précède concernait l'utile, voici maintenant pour l'agréable.

On serait dispensé, avec le gaz hydrogène, de l'ennui d'allumer le feu et de l'ennui de l'éteindre. On serait affranchi de la juste préoccupation que l'on éprouve, relativement à l'incendie, quand on laisse, en sortant de chez soi, un feu allumé. Pour éteindre comme pour rallumer le feu, il suffirait de fermer ou d'ouvrir un robinet.

Il suffirait encore de fermer un robinet pour éteindre le feu dans son salon, et le rallumer aussitôt dans sa chambre à coucher. Et quel avantage de pouvoir ainsi, sans autre dépense ni embarras, transporter son chauffage de la salle à manger au salon, du cabinet de travail à la chambre à coucher, etc. !

Avec le chauffage par le gaz, on serait débarrassé de la fumée, qui, selon le proverbe latin, est un des trois fléaux de la maison.[1]

Avec le gaz hydrogène, plus de fumée qui salit les rideaux, qui fane les meubles, qui noircit les papiers et les livres, et oblige à de fréquents blanchissages des housses et des rideaux, qui altère encore et salit nos poumons, chose plus difficile à nettoyer.

Enfin, la substitution du gaz hydrogène au mode actuel de chauffage permettrait d'améliorer singulièrement la construction des maisons et des édifices. On remplacerait nos lourdes cheminées par des appareils bien plus élégants. Les énormes conduites, plaquées le long des murs, qui occupent un espace si précieux, qui dépassent les combles, et sont d'un si grand embarras pour la distribution des appartements et de leurs diverses pièces, deviendraient inutiles et livreraient à l'architecte tout l'espace qu'elles absorbent aujourd'hui.

Mais il est des préjugés dans l'ordre du sentiment, et ce ne sont pas les moins rebelles. Le désir, le besoin de voir le feu, est un de ces préjugés du sentiment. On consent à sentir ses pieds

---

1 *Sunt tria damna domûs : imber, mala fœmina, fumas.* (Il y a trois fléaux domestiques : humidité, femme acariâtre, fumée.)

gelés, et froide l'atmosphère de son appartement, mais on veut absolument voir le feu. Se griller les yeux est un besoin enraciné et irrésistible. « Le feu égaye, dit-on, le feu tient compagnie ; le feu est l'image de la vie, et sa vue récrée, comme l'aspect de la vie en action. » Or, rien ne serait plus facile que de satisfaire à ce désir avec le chauffage au gaz hydrogène. Nous ne parlons pas ici, comme l'ont proposé d'ingénieux fumistes parisiens, d'imiter, par quelques *paillons* d'oripeaux, des foyers qui ne brûleraient pas, ou de peindre, avec du vermillon, des flammes de Bengale qui ne blesseraient point les yeux. L'artifice dont il s'agit ici est tout autre. Dans le foyer où brûle le gaz hydrogène pur, placez une certaine quantité de brins d'amiante entrelacés, et la flamme du gaz hydrogène, qui ne répandait qu'une faible lueur, brillera aussitôt du plus vif éclat. Avec ces grilles d'amiante, que nous avons représentées plus haut (*fig.* 221, 222), on peut créer, à l'aide du gaz, toute espèce d'arabesques et d'ornements fantastiques, dont les traits sont des traits de feu, et dont l'artiste s'appelle Prométhée.

À cette série d'avantages auxquels donnerait lieu l'emploi du gaz dans le chauffage domestique, on peut ajouter cette dernière circonstance, que les maisons pourraient à l'avenir se louer avec le feu, comme on les loue aujourd'hui avec la lumière et l'eau, comme on les louera un jour avec la télégraphie pour les communications d'étage à étage, et avec les cadrans électriques pour la distribution des heures.

Mais on le voit, tous ces avantages sont subordonnés à l'emploi du gaz hydrogène pur. Avec le gaz ordinaire de l'éclairage, c'est-à-dire le gaz hydrogène bicarboné, fourni par la distillation de la houille, gaz qui produit en brûlant de l'acide carbonique, on ne pourrait réaliser toutes ces conditions séduisantes, par suite de l'obligation d'évacuer au dehors les produits de la combustion et, par conséquent, d'augmenter considérablement la dépense du gaz. Il faut donc former des vœux pour que la fabrication du gaz hydrogène pur, c'est-à-dire du *gaz à l'eau*, prenne de l'extension. Il est à désirer que des usines se créent en vue de cette nouvelle industrie, et qu'une canalisation de gaz hydrogène pur, établie sous le pavé des villes, permette à chacun de puiser à cette source commode la chaleur nécessaire à ses besoins.

Là est peut-être la véritable solution de ce problème difficile du

Louis Figuier

chauffage domestique, problème posé depuis des siècles et qui, jusqu'à ce jour, a résisté, comme nous l'avons établi, à tous les efforts de la science et de l'art.

CHAPITRE XVI

ISBN : 978-1533575333